你所谓的稳定，给不了你想过的生活

姜运仓
编著

文匯出版社

图书在版编目 (CIP) 数据

你所谓的稳定，给不了你想过的生活 / 姜运仓编著
. — 上海 : 文汇出版社，2016.12
ISBN 978-7-5496-1909-2

Ⅰ. ①你… Ⅱ. ①姜… Ⅲ. ①成功心理－通俗读物
Ⅳ. ①B848.4-49

中国版本图书馆 CIP 数据核字（2016）第 269048 号

你所谓的稳定，给不了你想过的生活

著　　者 / 姜运仓
责任编辑 / 戴　铮
装帧设计 / 天之赋设计室

出版发行 / 文匯出版社
上海市威海路 755 号
（邮政编码：200041）
经　　销 / 全国新华书店
印　　制 / 河北浩润印刷有限公司
版　　次 / 2017 年 01 月第 1 版
印　　次 / 2022 年 07 月第 2 次印刷
开　　本 / 710×1000　1/16
字　　数 / 162 千字
印　　张 / 15

书　　号 / ISBN 978-7-5496-1909-2
定　　价 / 45.00 元

前　言

没有狂暴的风沙，就没有壮观的沙漠；没有汹涌的波浪，就没有宏伟的大海；没有努力的奋斗，就没有出彩的人生。

生命是由不同的时间段组成的，年轻，是一段神奇而魔性的时光。它蕴含着无限的可能性，等着我们去探究、去发现。我们只有逆风而上、勇往直前，才能成全这段锦瑟年华。

年轻的我们，要在尽情“折腾”中不断进步，只有竭力与身边日新月异不断发展变化的环境保持同步，才能达到一种相对稳定的生活状态。而那些所谓的“平淡是真”只是“甘于平庸”的借口，是在浪费最宝贵的生命资源。

有句流行歌词唱道：“不经历风雨，怎么见彩虹？”我们的生活也同样如此：不经历奋斗，怎能获得成功？面对困难，我们不能蜷缩在墙角瑟瑟发抖，而应该站起来，拍拍身上的泥土，努力地奋斗。

在我们短暂的人生之旅里，最让人感动的时光，总是那些全力以赴为了一个目标而努力奋斗的日子。

哪怕是为了一个渺小的目标而奋斗，也值得我们骄傲，因为无数渺小的目标累积起来就会成为一个伟大的成就——金字塔是由一块块石头堆砌而成的，虽然每一块石头都很简单，但金字塔却是宏伟而永恒的。

每一个想成功的年轻人，在经历了人生的涅槃之后，才有可能实现心中的梦想。

趁着年轻，我们应该追逐属于自己的梦想。有了梦想，暂时的困难只是试金石，如果那真的是你坚定要实现的人生理想，你会越挫越勇，无坚不摧；而如果遇到障碍便退缩，那只能算是空想，在人生的沟沟坎坎中，它随时都可能幻灭。

人生没有过不去的坎，没有克服不了的障碍，没有面对不了的事。只要你为了自己的梦想努力奋斗，不留遗憾，将来的你，一定会感谢现在拼命的自己！

拼搏到感动自己，坚持到无能为力。我们终会发现，我们企及的所有美好都会不期而至，到那时，我们才能风轻云淡地说：岁月静好，现世安稳。

目　录

第一章　我比谁都相信奋斗的力量

第二章　永远不要等时间来成全你

第六章 按自己的意愿过好这一生

第七章 当你足够好，才能遇到未来的自己

第八章 不要让所谓的安稳害了自己

第九章　我只过无比正确的生活

第十章　在拼搏的年纪，遇见最好的自己

第一章

我比谁都相信奋斗的力量

永远做自己的代言人

我们不曾选择的另一种生活

我只是敢做别人不敢想的事

向着光亮那方前行

这个世界从没有捷径可走

永远做自己的代言人

陶行知说：“奋斗是万物之父。”

牛顿说：“无论做什么事情，只要肯努力奋斗，是没有不成功的。”

……

成功人士的生命之所以光辉荣耀，是因为他们付出了异于常人的奋斗，比如马云、牛根生、张瑞敏等企业家。

庸碌无为，是因为我们缺少竭尽全力的奋斗。

如果把人生比作一场长途跋涉，奋斗就是那驱使我们不断前进、永不言败的内在动力。有了愿意为之奋斗的梦想，我们才会不怕苦、不怕累、不怕输，在人生道路上朝着梦想坚定地走下去，义无反顾，无怨无悔，大胆地去追求自己想要的生活！

一个有理想的人，一旦树立了伟大的理想，就应该努力施展自己的才华将它变成现实。当然，这其中无疑需要我们进行坚持不懈地奋斗。

陈欧，就是靠努力打拼走向成功的80后代表，作为聚美优品的创始人兼CEO，他在总结自己的创业之路时说：要想成功，先要迈过失败那道坎。

早在南洋理工大学读书期间，他就第一次尝到了失败的滋味。

大四那年，仅凭一根网线和一台笔记本电脑，他迅速创建了一款在线游戏平台，短时间内吸引了全世界数量庞大的游戏玩家。

当游戏平台发展不错时，陈欧却毅然选择了去斯坦福大学读MBA，并找来一个职业经理人打理公司。

随着职业经理人引进其他天使投资人，陈欧失去了公司的控股权，而且自己辛苦努力开创的公司还被改名换姓了。

这个跟头栽得确实有点大。

失败是痛苦的，但认输更加痛苦，陈欧显然不想做个痛苦的人。大学创业失败的经历让他明白，一个公司如果没有完善的股权组织架构，只是凭借对人单纯的信任，很难保证未来不出问题。

于是，他选择了重新起航。

第二次创业，陈欧还是选择做游戏公司，创业项目是在美国很火的社交游戏中内置广告。但他很快发现，这种国外模式在中国行不通。

当初意气风发的年轻人遭遇了现实残酷的打击，剩下的是无助和无奈。

创业数月之后陈欧发现，发展方向、资源、团队等这些创业的基本要素，自己几乎无一具备，转型的方向亦不明确，他再次尝到了失败的滋味。

但陈欧还是没有被失败击倒，他再次总结了失败的教训，决定寻找时机东山再起。

2010 年 3 月，陈欧与戴雨森联合创立了聚美优品，以团购模式切入化妆品电商行业，生意火得一塌糊涂。但很快便遭遇了“301”滑铁卢，这一次失败的打击对陈欧是致命性的。

经历这一次失败后，陈欧意识到：失败并不可怕，战胜失败需要学习，需要适应，更需要勤奋和努力。很庆幸，每次他都没有被失败打倒，每次都能从失败中昂起头来，从中学习，努力尝试再次站起，直到赢来成功的那一天。

陈欧从中总结出，单纯照搬国外的模式是不行的，于是他开始积极转型，并且调研国内化妆品市场。

聚美优品遭遇网站崩盘的“301”滑铁卢，说明了自身技术的系统架构、代码质量存在问题；而出现爆仓，则是发单能力远落后于预期。于是，陈欧冷静下来，开始正视公司发展中拔苗助长的过程，开始重视整个团队的发展。

陈欧就是这样一个人，他知道为何输，到怎样不输，再到如何从输到赢。

现在，聚美优品已经成为中国最大的化妆品限时折扣网站，而且还在纽交所成功上市，陈欧也成了令人羡慕的年轻的亿万富豪。

在聚美优品的广告中，陈欧为自己代言，他的一番励志话语激励了无数正在创业的年轻人。

他说：“你只闻到我的香水，却没看到我的汗水；你有你的规则，我有我的选择；你否定我的现在，我决定我的未来；你嘲笑我一无所有不配去爱，我可怜你总是等待；你可以轻视我们的年轻，我们会证明这是谁的时代。

“梦想，是注定孤独的旅行，路上少不了质疑和嘲笑，但，那又怎样？哪怕遍体鳞伤，也要活得漂亮。我是陈欧，我为自己代言。”

从陈欧的身上，我们看到了奋斗的力量——当你历经千辛万苦付出足够的努力，终会得到回报。陈欧通过不断的努力，一步步地实现了人生的飞跃，达成了理想的人生目标。

活得漂亮，是蛰伏在每个人心底的愿望。愿望是一座灯塔，照亮了我们前进的方向。

通向梦想的征途，从来不会一帆风顺，而奋斗就是我们手中的双桨，它会帮助我们战胜惊涛骇浪，也能让我们避开暗礁险滩。

没有轻而易举的成功，更没有唾手可得的梦想。人只有在历经磨砺之后才能懂得奋斗的意义，才能珍惜风雨之后的晴空万里。

所以，当你正处于挫折磨难中时，不要迷惘，更不要沮丧和放弃，要知道你多往前走一步，终点就会离你更近一些，而奋斗迸发出来的力量，足以让你翻过任何的奇峰峻岭。

奋斗，是为了延展生命的宽度，让自己在这丰富多彩的世间毫无遗憾地走一遭。人生因奋斗而充满了无限的可能性，而安于现状，只会大大削减自己体验无限可能的机会。

要知道，现在走的路越泥泞崎岖，将来看到的风景就会愈加五彩缤纷。而奋斗最本真的意义，就是让生命焕发出蓬勃向上的力量，让我们以积极的姿态，使人生绽放出美好的模样。

自己给自己代言，生命因此而精彩！

我们不曾选择的另一种生活

梦想是火，点亮了生命之灯。梦想是光，照亮了奋斗的征程。

年轻人，你有梦想吗？

在人生的道路上，我们每个人都会遇到各种各样的挫折与困难。面对这种情况，我们应该坚定自己的信念，努力地追逐属于自己的梦想，去赢得人生的胜利。

有的人恐惧失败，可是，在这个世界上，又有谁能够随随便便就取得成功呢？胜利的桂冠，永远只会降临在那个最执着的人身上。

坚持追逐自己的梦想吧，至少我们还年轻。

当然，我们还要要好好地注视脚下，以免一不小心走错了道路。很多人一生都在努力，却在不经意间忘记了方向——要时不时地留意一下前方，因为有时候不知不觉中，你就走上了岔路，从而和成功失之交臂。

因此，在为梦想奋斗的历程中，我们一定要以审时度势的眼光来不断地调整自己的步伐，这样你才能够取得最后的胜利，成功才会属于你。

即便是失败又如何？至少我们还年轻。

小时候，她就有着许多美好的理想，当钢琴家、乐队指挥、办摄影展、环游世界、出一本自己的书等，却常常因此被人嘲笑为“白日梦”。但她完全不在意别人的眼光，并且非常坚定地在日记里写下了自己的梦想清单。

这些记录在案的梦想，时刻激励着她向前出发。从 17 岁开始，她便大步追逐着梦想，一步步实现着梦想清单上的所有内容。

她就是追梦女孩孙一帆。这个出生在美丽的泉城济南，美丽聪明、活泼开朗的女孩，17 岁那年就以全额奖学金得主的身份考入了新加坡国立大学。

2011 年，孙一帆从新加坡国立大学应用数学专业毕业，进入了许多人梦寐以求的英国巴克莱投资银行工作。

这个职位收入高，发展前景好。可是，每天一成不变的节奏，让她感到十分枯燥，梦想清单里的梦想再一次跳出来，挑动着她的神经。于是，她决定辞职去环游世界。

面对女儿的选择，孙一帆的父母并不同意，觉得她舍弃如此优越的工作去流浪就是瞎折腾。

而她却对父母说：“也许未来我可能找不到比这更好的工作，但是环游世界是我从小的梦想，我不想因为没有去实践而遗憾终生，我要兑现我的梦想清单。”

然后，孙一帆踏上了寻梦之旅。她从土耳其的伊斯坦布尔出发，途经伊朗和中亚五国之后回到家乡，然后又去了美洲、非洲和欧洲等地。

在撒哈拉沙漠，她曾蜷在睡袋里看满天星斗，也曾坐着热气球从空中俯瞰过埃及古老的寺庙遗迹。

她在希腊圣岛看过世界上最美的日落，也在菲律宾的大海里与鲸鲨一起游过泳。

她走过朝鲜的三八线，参拜过印度的神庙。

她亲吻过两个月大的小老虎，还在容纳二十多个陌生人的家中当过沙发客。

她在印尼遭遇过火山爆发，在荷兰和比利时的边境被人围攻，在菲律宾被持枪歹徒抢去相机，还被打得头破血流……

就这样，孙一帆凭着一腔热忱，边旅行边工作，自己筹集经费，克服重重困难和危险，周游了全球56个国家和地区。

在旅途中，她拍摄了大量的照片，记录了旅行中的种种见闻。

旅行结束之后，她在新加坡和济南举办了自己的摄影展，并出版了《世界是我念过最好的大学》这本属于她自己的书，讲述了自己在旅途中的各种见闻和感悟。

这本书，感动和激励了无数的年轻人。

孙一帆的故事，让我们看到了一个奋斗的女孩为了梦想拼尽全力的美好姿态。

以梦为马，不负韶华！

梦想是一匹白马，可以载着我们抵达美好的彼岸。为了梦想马不停蹄，才不会辜负最美的年华！

都说成功要趁早，这话颇有道理：因为年轻，我们有充沛的精力和旺盛的斗志；因为年轻，我们有敏锐的洞察力、有与最新资讯接轨的能力；因为年轻，我们手里拿着一块“人生橡皮檫”，走错了没关系，擦掉重来就可以……

而努力追逐自己的梦想，是年轻时能做的最好的事情。

世界是无情的，它不会因为你想要什么就给你什么，也不会因为你迷茫、彷徨、孤独就对你格外开恩。

世界又是仁慈的，它给了每个人雄厚而公平的资本。这资本，就是每个人都正拥有或曾拥有的年轻。只要你不虚度年华，只要你不辜负时光，它便足以让你赢得你所渴望的未来。

没有梦想，就等于浪费了上天最好的恩赐。播下梦想的种子，然后努力耕耘、灌溉、施肥、松土，只要坚持不懈，总有一天，梦想的花朵就会灿然绽放，把年轻的生命装扮得熠熠生辉！

我只是敢做别人不敢想的事

人生路上难免遇到一时的困难，挺过去，扛下去，往往就会峰回路转。

生活中，不如意之事十之八九，面对种种失意与不顺，是抱怨哀叹，还是无惧风雨？生活百态，人们用各自的足迹走出了独属于自己的风景线。

有的人畏缩不前，惶惶终日，日子如一潭死水，波澜不惊，乏味无趣。有的人却能昂首阔步，笑对人生困境，生命激昂喷薄，不枉此生。

生命难免会遭遇很多无助的时刻，唯有自助才是最好的出路。

连晓燕 4 岁时生了一场重病，从此失去了听觉。但是，她坚持要像正常人一样学习。

连晓燕上的是一所针对残疾人开设的特殊学校，老师教学主要是通过手写和手语。由于交流极其不便，她往往要花两倍的时间去学习正常学生所学的课程，常常要熬到深夜才能休息。

看着身边的伙伴们一个个都上了大学，连晓燕也渴望有一天能圆自己的大学梦。在经历了多次落榜后，她终于在 20 岁那一年考上了天津理工大学，学习艺术设计。

2012 年，大学生就业形势普遍不理想，但刚毕业的连晓燕由于成绩优秀，很快就找到了工作，只是工作岗位并不适合她。

一次偶然的机会，连晓燕认识了东莞企业家黎平。黎平很欣赏连晓燕，决定拿出自己公司下属的一间餐厅，免费提供给连晓燕作为创业场所。

连晓燕认为这是一个千载难逢的好机会，它不仅可以锻炼自己，也可以为不少残疾的朋友提供就业机会，于是下定决心开办东莞第一家“失聪餐厅”。

创业初期是艰难的，但她还是选择了别人不敢做的事。

由于无法进行语言沟通，又缺乏经验，办证、采购、招聘员工、制作宣传画册等，这些事情要连晓燕样样都去亲力亲为，实在有些招架不住。

终于，在一些好心人的帮助下，连晓燕渡过了难关。

即便如此，她还是坚持每天早上天不亮就起床，一直忙到第二天凌晨一两点才睡觉，点餐、洗菜、做账、收拾餐桌，每件事她都用心做到最好。

受到连晓燕的鼓舞，几名东莞失聪人士陆续加入到她的创业队伍中，目前她的餐厅里一共有 9 名聋哑人服务员。

为了更好地服务，连晓燕在听不见的情况下，开始练习开口说话。店里其他几名健康的员工都被她感动，不厌其烦地一遍遍教她简单的词汇。

就这样，奇迹出现了，不到一个月，连晓燕就可以说出一些简单的词组，比如：谢谢、再见、您好。

现在这位失聪女孩把自己的餐厅更名为“铁树花”，寓意铁树亦能开花，聋哑人同样能够像正常人一样证明自己，同样能闯出一番属于自己的事业。

生命赐给我们最好的礼物，往往包裹着苦难的外衣。只可惜我们常常被表象迷惑，从而与礼物擦肩而过。

上帝是个公正的老人，他给我们人生中设置的每一处障碍，其实都是别有用心：他在考验我们是否有乐观坚强的心态和坚忍不拔的意志。通过考验的人就会发现，原来障碍后面真的是别有洞天。

不要轻易被眼前的障碍吓倒。障碍是一把锁，是锁就有钥匙。只是上帝把钥匙藏在了某个地方，需要我们历经千辛万苦才能找到。我们要坚信，只要找到了钥匙，所有的问题都会迎刃而解。

在跨越障碍的过程中，也许会遇到热心的人拉我们一把，却没有人能替我们走完全程。对那些帮助过我们的人要心怀感激，但更多的时候我们要靠自己。风雨兼程的路上，当你孤独的时候，听听自己内心的声音，那一声声不甘的呐喊，划破了孤寂的长夜，宣示着说——一定要勇往直前地走下去。

愿有人陪着我们颠沛流离，人生路上可以彼此做伴。如果没有，就让我们与自己相依，哪怕单枪匹马，也要为自己摇旗呐喊，闯过难关，走向人生的一番新天地！

向着光亮那方前行

一个人成功的关键不是你走得有多快，而是知道自己要去往哪里。

人不能没有方向，前进的方向是每个人奋斗的目标。

目标不对，努力白费，正确的目标可以让人少走很多弯路。

人这一生，就是由大大小小的目标组成的。倘若没有了奋斗目标，就好像在大海上航行的船没有了舵，不管怎么奋力航行，都永远无法到达彼岸。

无数事实证明，倘若一个人想获取成功，就必须为自己确立一个明确的奋斗目标。没有努力奋斗的方向，做事的时候只会敷衍，再大的才能和努力都只是白费。

缺失目标，你只会停滞不前，生活就会毫无头绪，即便做事踏实，也很难把力气用到点子上，不容易取得好成绩。

而且，你还会自认为已经很卖力了，觉得自己得到的回报与付出不成正比，心里感到十分失落，不知道应该如何走出困境，从而产生焦虑情绪。

所以，倘若你想获得梦想中的成功，就必须确定自己的方向，给自己定下一个切实的目标，这样才不会在生活的浪涛中迷失自我。

周群飞最初在手表玻璃加工厂打工。

有一年工厂扩建，由于资金短缺和产品定位出现问题，厂房建到一半停工了，老板准备撤资。这时，周群飞找到老板，毛遂自荐，劝说老板与其让工厂半途而废，不如交给她去试一下。

工厂建成投产后，主要是为手表玻璃印字和图案。周群飞将平时自学掌握的丝网印刷技术，创造性地应用到了工作中，印出来的产品效果非常好。

很快，周群飞招集了几位亲戚，在深圳宝安区租了一套三室一厅的民房，靠两万元启动资金，开始了独立的创业之路，做的还是丝网印刷。

亚洲金融危机席卷而来之时，周群飞又出资购买了几台研磨机、仿形机，在宝安区另找了个小厂房，将玻璃切割、修边、抛光、丝印、镀膜等工艺打通，形成了手表玻璃完整的生产线。

慢慢地，周群飞从单纯为手表玻璃进行丝网印刷，“升级”为手表玻璃供应商。

随着国内钟表业的兴起，周群飞的玻璃表壳生意越来越好，在行业内渐有名气。

2003 年，周群飞以技术和设备入股与人合伙，在深圳成立了蓝思科技公司，专注手机防护视窗玻璃的研发、生产和销售。

就这样，周群飞成为了当之无愧的“全球手机玻璃女王”。

2015年9月，周群飞上榜《财富》杂志，成为亚太最具影响力的25位商界女性。2015年10月19日，“2015胡润女富豪榜”发布，周群飞以500亿元的财富，晋升为新一届内地“女首富”。

人生没有康庄大道，条条道路都错综复杂、荆棘遍布。

站在人生的岔路口上，我们往往会迷失方向，不知道该向哪里前进。此时，我们一定要明白自己的心之所向——一心想要抵达的地方，就是我们的终极目标。

那个美好的目的地，总是在离我们很远的前方闪闪放光。我们看到的，也许只是一缕微弱的光芒，但那足够把我们的征途照亮。这样，我们就不会徘徊迷茫，不会走错路偏离了人生轨迹。那缕光也会给我们带来强大的力量，让我们扬蹄奋进永不懈怠。

向前走，是生命最应该具备的积极状态。用心捕捉，看看自己心中的光在哪里，然后向着光的方向前进吧！

这个世界从没有捷径可走

很多人在追求成功的道路上浪费了很多时间，究其原因，大多是浮躁、不踏实、老想走捷径。

捷径，是上帝给懒惰之人的诱惑，看似美妙，却从不存在。

日本企业家稻盛和夫曾经说过这样一段话：“年轻人都有想干一番事业的理想和愿望。不过，切莫忘记，那是靠一步一步、扎扎实实的努力来实现的。不想付出，一味描绘宏伟的蓝图，那只能是一场黄粱美梦而已。”

可谁又能真正理解这句话呢?

当今社会充斥着浮躁和急功近利之风，缺乏脚踏实地的务实精神是当代很多人的通病。其症状大多是：好高骛远，眼高手低；说得多，做得少；大事做不来，小事不想做。

这些人整日幻想着一夜成名、一举成功，却从不愿踏踏实实地做好一件事。他们把时间花费在了幻想上，却忘了迈动脚步。

总在原地幻想的人，是不可能成功的。当梦醒的那天，你才会发现，在你做梦的这段时间里，身边的人都已经默默地超越了你。

每个成功者都曾走过一条不平坦的路，这路上有他们的脚印，那是他们脚踏实地，一步一步走向成功的标志。

其实，每一次进步都不会凭空从天而降，每一阶段的成功，也不是靠运气就可以获得的——化梦想为现实的道路，是一个人勤勤恳恳，一步一个脚印闯荡的过程。

梦想自然不能少，但务实的精神更不可丢。倘若说梦想是成功的阶梯，那么务实的态度和切实的行动便是为梦想插上的翅膀。

被媒体誉为“九球天后”的职业台球选手潘晓婷，曾获得 2002 年首届亚洲区“球王杯”男女 9 球混合赛冠军、日本大阪第 35 届世界女子 9 球公开赛冠军等奖项。

能有今天的成绩，潘晓婷的付出也是常人无法比拟的。

15 岁开始，潘晓婷就在父亲的球馆里练球，一练就是 4 年。

那 4 年里，父亲给她做了硬性规定，每天练球 8 至 12 小时，没有周末，一个礼拜只能休息半天。即使生病了，上午在医院打点滴，下午也要回到球馆补足当天的练球时间。

从开始摸球杆时，父亲就告诉过她，如果你想做到最好，就一定要比别人付出更多、牺牲更多。当过足球运动员、篮球裁判的父亲希望潘晓婷能像他一样，要么不做，要做就要做金字塔尖上的人。

为实现这样的目标，人家练 3 个小时的球，潘晓婷要多练好几个小时，这样才可能赶超别人。

潘晓婷后来总结说："吃不了这份苦，受不了这份罪，趁早放弃，另谋出路。但是，一旦选择了，想要成功，吃苦就成了最基本的准备。要看人有没有对苦难的耐受力，耐受力强的人早晚都能品尝到成功的喜悦。"

倘若你有才干，勤勉将会增进它；倘若你很平凡，勤勉也可以补足它。想收获多少，就要付出多少——天下没有免费的午餐，真正的成功不是某一时刻，而是开始上路后的一个过程，是将勤奋和努力融入每天的生活中，融入每天的工作中。

很多时候，我们以为的捷径，其实是弯路或陷阱！

苍鹰有一双有力的翅膀可以振翅翱翔，猎豹有强健的四肢可以奔跑跳跃，而人类只能依靠自己的双腿，一步步走向彼岸。

人生的道路百转千回，却注定没有捷径供我们绕路。我们只能遇河搭桥，逢山开路，专注地走好每一步。

捷径更多时候是一种侥幸，即便看似一时超过了他人，稍不慎也会跌入陷阱中。纵观人生长河，短暂的领先并不意味着最终的圆满，真正美满的人生，一定是心无旁骛地走在自己明确的路上。

一路有风雨，有艳阳，有崎岖，有坦途，风光无限，收获也无限。当你站在终点回望时，你知道自己到了哪里，因为那是一条你自己选择的路。

第二章

永远不要等时间来成全你

下雨天要努力奔跑，因为你的手中没有伞

把你交给时间以后

青春是用来绽放的

你对未来迷茫，是因为现在不够坚强

不要让你的生活变得将就

时光自会给我们惊喜

下雨天要努力奔跑，因为你的手中没有伞

每个人都想把生活过成自己想要的样子，所以，在过上理想生活之前，我们必须努力——就像为了抵达一个美好的地方，我们必须风雨兼程地赶路。

2006 年，云南考生晏溪以优异的成绩被四川大学录取，但是他却觉得并没有发挥出自己最好的水平，于是，他不顾亲朋好友的劝阻，选择了复读，打算再考一次。

经过又一年的勤学苦读，功夫不负有心人，第二年，晏溪终于以 675 分的成绩一举夺魁，成为开远市的理科状元，如愿考上了上海交通大学。

大二暑假来临，晏溪和大学室友决定过一个有意义的假期，要从上海骑自行车去首都北京。虽然没有长时间骑行的经验，但是凭借着坚定的意志，晏溪和室友骑行了 1500 多公里，历时 11 天，完成了骑行的梦想之旅。

大三那年，晏溪先后参加了上海和杭州的马拉松比赛，完成了半程马拉松和全程马拉松的挑战。

毕业后，晏溪进入上海一家著名的房地产公司工作。

工作第一年，晏溪和他的团队连续三个多月没有休息一天，凭

着执着而又坚定的信念，集思广益，排除万难，创造出多个房地产开盘销售几十亿元的好业绩。

晏溪说："其实就是开头难些，随后就会发现没什么大不了，就像跑步一样，起步很难，但跨过线后会发现，跑得快跑得慢都总能跑完。"

在上海工作期间，晏溪尝遍了江南美食，突然萌生了从事餐饮业的念头。一年后，他回到了昆明，虽然继续从事着房地产销售，但做餐饮的念头越来越强烈。

工作期间，晏溪结识了一名地产圈的朋友陈杰进，两人一拍即合，决定向餐饮业进军。

晏溪和陈杰进利用业余时间，经常到云南各地拜师学艺、寻找风味独特的菜品。他们经过一年多的反复实验，用掉了上百斤的配料和螃蟹，最终推出了"蟹沧海 · 香辣蟹"品牌。

香辣蟹研制出来以后，接下来就是营销推广了。万事开头难，一开始，晏溪和陈杰进通过微信和电话订餐的方式，将炒螃蟹送到顾客的家中。

虽然一个人炒一个人送，每天送出去的份数不多，但用秘制配方炒成的香辣蟹一"出生"便被贴上了"专属私房味道"的标签，受到了顾客的一致好评，回头客很多。晏溪享受到了香辣蟹带给他的实实在在的成就感。

2015 年 1 月 15 日，位于春城路 165 号的"蟹沧海 · 香辣蟹"线下体验店开业了，以线下体验店为中心，辐射昆明，全城配送。

"蟹沧海"可谓来势汹汹，刚一"出道"就被《都市时报》评为昆明名小吃20强之一。

如果晏溪当初听从劝说去四川大学读书，那么吃货们也许就无缘享受“蟹沧海·香辣蟹”了。晏溪的成功告诉我们，坚持己见多么重要，更重要的是要在努力的道路上一路奔跑，永不停歇。

年轻时，人往往一无所有，也因此容易孤注一掷，如果在该奋力奔跑的年纪选择驻足不前，那么永远都不会冲过终点的红丝带，赢得人们的喝彩与欢呼。

当别人收获名誉与财富的时候，不要盲目羡慕，而要看清对方埋头奋进的路；当他人因出身、靠关系平步青云时，也不要徒增怨恨，而应认清不劳而获的人生是不是值得仰慕的。

别人在雨中打着伞，信步由缰，不疾不徐。而因为我们没有可以炫耀的资本，没有可以仰仗的资源，所以只能靠自己的双腿拼命奔跑——只有这样才能不被淋湿。

拼命奔跑吧，没有伞的年轻人，用这最鲜活的生命状态，诠释年轻最本真的意义！

把你交给时间以后

时间是生命的刻度，珍惜时间的人，他的人生也将会被命运善待。

人生是机会和时间的一场博弈，面对时间的无情流逝，难道我们就束手就擒吗？

当然不是。

我们虽然不能延续时间的长度，但我们可以拓展它的宽度。

时间是生命的漏斗，即便恍恍惚惚地过日子，时间的沙也从未停止滴滴答答地落下去。既然总归是要一去不复还，那么为何不让它有所价值地消逝呢？

现实中，迫于生活压力，很多人都在超负荷地工作。时间弹指一挥，眨眼间一生便已到了尽头，而迫于现实的压力，很多人大多时候是在疲倦、消沉、无奈中度过的。

时间是有限的，这是无法改变的现实。但我们可以把时间充分利用和享受，不为等待谁，只为此生不虚度。

趁着年轻，把每一秒当作一日、一年、一辈子来过。这样，才能够在工作和生活中多留下一些美好的回忆。

鲁迅的成功，有一个重要的秘诀，就是珍惜时间。

他 12 岁在绍兴城读私塾的时候，父亲正患着重病，两个弟弟尚且年幼，他得经常上当铺，跑药店，而且还要帮助母亲做家务。为了不使学业受到影响，他必须做好精确的时间安排。

从那时起，鲁迅几乎每天都在挤时间。他曾经这样说：“时间，就像海绵里的水，只要愿挤，总还是有的。”

鲁迅的兴趣非常广泛，爱读书，又喜欢写作，而且酷爱民间艺术。正因为他广泛涉猎，要多方面学习，所以时间对他来说，实在极为重要。他一生多病，工作条件和生活环境都不优越，但他每天都要工作到深夜才肯罢休。

在鲁迅的眼中，时间就像生命一样宝贵。因此，他最讨厌那些“成天东家跑跑，西家坐坐，说长道短”的人。

在他忙于工作的时候，倘若有人来找他聊天或闲扯，即使是很要好的朋友，他也会毫不客气地对人家说：“唉，你又来了，就没有别的事可做吗？”

丘吉尔也是视时间如命的人，他六十多岁时，每天仍要工作16个小时。

他每天早晨在床上工作到11点，看报告、口述命令、打电话，甚至在床上举行重要的会议。

吃过午饭以后，他会睡一个小时。

到晚上，在8点钟吃晚饭以前，他要再睡两个小时。除此以外，养足精神的他会一直工作到半夜之后。

生活中也有很多珍惜时间最终获得成功的例子，张诚就是其中之一。每天6点钟起床铃声准时响起，张诚便翻身下床，第一件事是打开电视机，听着新闻频道的《朝闻天下》，那里有许多他需要了解和知道的新闻消息。

在这30分钟的新闻时间里他进行梳洗，然后关上电视走出家门。

接着，张诚的身影出现在小区的早餐车旁，大约7点钟吃完一份营养早餐，他便随着人群走进地铁。在长达一个小时的旅程中，他不像别人那样让时间白白浪费在手机游戏之中，而是在这段时间里听着BBC慢读新闻。

8 点半之前，张诚准时出现在公司门口，在门禁上按了手印，开始投入到一天忙碌的工作中。

上午 10 点钟左右，他会在工作的间隙，到公司的健身房做一套广播体操，他要以饱满的精神和健康的体魄来面对工作中繁重的压力。

午餐时间过后，张诚不会像其他同事那样闲聊，而是到公司楼下的花园里喂猫。这些可爱的小动物能给他的身心带来莫大的快乐，顺便也能放松下紧张的神经。

到了下午上班时，张诚会以饱满的精神状态出现在同事面前，让那些午后精神状态慵懒的同事艳羡不已。

5 点钟下班后，他舒展着四肢，一边沿着公司附近的运河欣赏美景，一边放松一下工作一天后的紧张状态。他先是给父母打电话问候一下，聊聊家长里短，然后一边走，一边对一天的工作进行反思和总结。

最后，他怀着愉悦的心情搭乘地铁，回到属于自己的小天地里。

晚上 8 点钟，回到家中的张诚会准时坐在书桌前学习充电。

9 点 30 分，他拿起手机，查看朋友们的问候，并且同时送去自己美好的祝愿。他不会因为所谓的忙碌而疏于与朋友的沟通，所以他在朋友中的人缘是最好的。

10 点钟，张诚开始上床休息，顺便打开枕边书。他会大声地朗读，当感觉到一丝困意的时候，他会很快进入梦乡，以良好的睡眠迎接美好的明天。

张诚很少刷社交软件，但从来没有与亲人朋友疏远。他有着健康的体魄，很少出现在白领身上常见的亚健康问题。他的生活充满阳光和快乐，工作效率上也突飞猛进，不断受到上司的赏识，职位也在不断升迁。

不要再为自己浪费时间而找各种借口，其实时间都在自己的手里掌握着。张诚，一个 26 岁的年轻人已经做到了广告总监。别人问及，他只是说：时间就在那里，我只是好好地利用了它而已。

因为年轻，我们会觉得自己是时间的富翁，有大把大把的时间可以随意挥霍。有一天猛然发现，时间一秒一秒倏忽而逝，我们站在风里却两手空空。

一秒钟，一辈子！

我们选择了怎样对待一秒钟，就等于选择了怎样的一辈子。把一秒一秒的时间都充分利用起来，聚沙成塔，集腋成裘，人生就会变得厚重精彩、妙不可言。

一寸光阴一寸金，青春芳华最值钱。好好把每一秒都利用起来，如此才不辜负美好年华。

你还在玩虚掷光阴的游戏吗?

如果是，在这场游戏中，你注定会输得一无所有。不如，我们就从这一秒开始，让每一秒都充实光亮，值得回味！

青春是用来绽放的

青春是绚烂的，但终究会有枯萎的一刻。“每一个不曾起舞的日子，都是对生命的辜负。”——尼采如是说。

可，真正的青春是什么?

青春可以是情窦初开，投入到轰轰烈烈的爱恋之中。

青春可以是叛逆不羁，把头发染成五颜六色，在大街上旁若无人、大摇大摆地走过。

青春可以是孤注一掷，只为十年磨一剑。

青春可以是扎根边疆，一心致力祖国和平与发展。

青春可以是舍生取义，路见不平时奋勇当先。

……

青春是整个人生旅程中最绚丽的一站，最奇妙的一站，最灿烂的一站。青春里潜藏着无穷无尽的能量等着我们去开采，去挖掘，去释放。

青春是如此的美好。当青春来时，很多人都会大声呼唤：青春，我来了!

面对青春，你和它一起怒放了吗?

已过而立之年的钟波，突然做出一个重大决定：放弃 MStar 西南片区技术总监的职务，从深圳回老家成都进行人生的第一次创业，他要给自己的人生轨迹做一次最完美的答卷。

虽然他在这家公司工作了9年，现在年薪超过百万元，并拥有价值500多万元的股权，但是内心的梦想让他决然地放弃了这一切。

钟波认为传统的电视制造行业的研发模式，在如今电子行业飞速发展的今天，已经不能满足消费者的需求。

回到成都后，因为资金有限，他租不起高昂的写字楼，只好和十几人的团队找到一栋未装修的别墅作为临时办公楼。在这种简陋的环境里进行创新研发，其中的艰辛可想而知。

在谈及创业的缘由时，钟波认为现在的传统电视制造行业已经无法适应互联网时代日新月异的变化，在这种情况下，他萌生出了一个宏大的设想。

钟波心想，如果能研发出一款投影设备，不用屏幕也能看到电视，坐在家里还能看电影，岂不是更好？

钟波把这个想法和他的团队进行了研讨，随后将这一设想付诸实践。2012年11月，钟波和团队设计出的第一款无屏电视工程机面世。

这款产品不需要屏幕便可在墙壁等地方播放影像，画面最大能达到180英寸，还可以在线观看。产品一经发布就引起了广泛关注，所生产出的产品很快销售一空。

在德国举办的汉诺威电子展上，钟波的极米无屏超级电视成为展会上耀眼的智能硬件产品。小米公司CEO雷军也来到极米科技的柜台，亲自体验了一把无屏超级电视，并对钟波的团队和他们的产品表示出极高的认可。

钟波成功实现了一个创业者在专业领域上取得的巨大成就，是因为他在面对行业前景时审时度势，敢于创新，最终创造出一个属于自己的王国。

互联网刚刚在中国兴起时，李想很快就跟上了时代的潮流。在开始上网三四天之后，他就建立了个人网站——“显卡之家”论坛。

那时候，相同类型的网站有上百个，李想下决心，一定要把“显卡之家”做得比别人好。

当时，读高三的他每天早上 4 点起床，用 6 ～ 7 个小时更新网站内容，其余时间用来应付学业。他通过每天更新内容，吸引了大量网民，靠着口碑相传，使得网站的访问量急速飙升。

在刚开始时，他并没有想赚钱，但随着网站访问量越来越大，广告商主动找上门来，结果高三那一年，他赚了 10 万元。

2000 年，互联网泡沫破裂。19 岁的他决定放弃高考开始创业。他以高三时边上课边赚钱的经历，说服父母接受了自己的选择。

当然，李想从没有想过要单打独斗，每到一个关键的时刻，总会有合适的人加入创业团队——他说服大学毕业后到深圳打工的樊铮回到石家庄，把两个人的网站合到一起，成立了泡泡网。

随着公司规模越来越大，曾有人来商谈出巨资收购泡泡网。对李想来说，卖掉公司，意味着 23 岁的他和几个创业元老都有可能得到数千万元现金。然而他最终没舍得卖。

那时他发现：自己真正想要的，并不是金钱，而是要和这个团队一起把事业做得更大，创造出更大的财富。

而后，就有了2005年的“汽车之家”网站开始正式运营。

如今，身为80后的李想领导着同样以80后为主体的员工。他说：“我感觉自己很幸运，能够生活在这样一个快速发展、开放的时代，每天都能做着自己喜欢的事情，然后跟自己喜欢的团队一起去迎接挑战，解决困难并因此创造出价值。”

再不努力就晚了，再不绽放春天就过去了！

毋庸置疑，我们生活在一个前所未有的美好时代。社会日新月异的发展，给我们提供了无数个展示自己的平台。

如果说这发展的时代是肥沃的土壤，年轻的我们就要做一株会开花结果的树，深深地扎根土地里汲取营养，沐风栉雨，面朝太阳的方向努力生长。在某个晨曦微露的时刻，我们终究会绽放出最好的模样。

青春是最美好的时光，绽放是青春最应该做的事情。

年轻是本钱，但是不努力就不值钱，别辜负这个时代，也别辜负自己最好的时光。

你对未来迷茫，是因为现在不够坚强

一个人未来能去哪儿，取决于他现在在哪里，正在做什么。我们的每一个现在，决定了会有一个什么样的未来。

在通向未来的路上，谁会一帆风顺？

没有！

当遇到挫折时，我们又该如何呢？要打起精神，以从容不迫的姿态去面对。倘若事情已经发生，说明那已经成为过去，没有继续纠结或争辩的必要。

改变不了事实，但我们可以改变自己的态度，只有这样，才会让你变得更加坚强。因为没有当初这些痛苦和泪水，你就不可能取得今天的成功。也许你不能掌控明天，但你可以把握今天所能拥有的，这就是最大的快乐。

马云说过一句话：今天很残酷，明天更残酷，后天很美好！

可见，未来的美好是建立在今天努力的基础上的。所以，把握住自己的今天，把握住现在，那么明天一定会更美好。

很多时候，你根本没有能力改变外在的环境，却完全可以改变自己。人生总会经历一些事情，比如事业的成败，爱情的喜忧，友情的得失——但是，无论遇到什么样的不幸，你都要有勇气去面对和承受，这才是至关重要的。

伊东·布拉格是美国历史上第一位获得普利策奖的黑人记者。

当同行采访布拉格，询问他的获奖感受时，他在麦克风前讲述了一段令人感慨的经历：我小时候家里非常穷。父亲是名水手，每年都来来回回穿梭于大西洋的各个港口，尽管如此，挣的钱依然不够维持全家人的生活。

面对这种处境，我非常沮丧，因为我一直认为，像我们这样卑微贫穷的黑人不可能有出息。

抱着这种想法，我浑浑噩噩地上学，可想而知，成绩也好不到哪儿去。就这样，我在自己设定的围墙下过了十多年。

有一天，父亲突然对我说："现在你长大了，应该带你出去见见世面，我希望你的生活能和父母不同，能摆脱现在的贫穷而有所成就。"

听了父亲的话，我暗想：有成就？这怎么可能呢？我不过是个穷黑人的儿子罢了。

尽管如此，我依然听从了父亲的安排，随他一起去参观了大画家凡·高的故居。在那间狭小的、空空如也的屋子里，我看见了一张小木床，还有一双裂了口的皮鞋。

我很惊讶，这位著名画家的生活居然如此简陋！

我问父亲："凡·高不是一位百万富翁吗？他怎么会住在这种地方？"

父亲说："儿子，你错了，凡·高一生潦倒，是个比我们还要穷的穷人，他甚至穷得娶不上妻子，可是他没有向贫困屈服。"

这段经历让我对以前的生活产生了疑惑，我心想：我是否也可以从过去的碌碌无为中摆脱出来，努力拼搏而有些出息呢？凡·高不也是个穷人吗?

第二年，父亲又带着我到了丹麦，并游览了安徒生的故居。

这里的环境比凡·高强不了多少。我更惊讶了，因为在安徒生的童话中，到处都是金碧辉煌的皇宫，我一直以为，他也和书中的人物一样住在皇宫里。

我向父亲提出了疑问："难道安徒生不是生活在皇宫里吗？"

父亲看着我意味深长地说：“不，孩子，安徒生是个鞋匠的儿子，你喜欢的那些童话就是他在这栋阁楼里写出来的。”

直到那时，我才终于明白，父亲为什么会带我参观凡·高和安徒生的故居。其实他想告诉我：不要在乎过去所过的生活如何贫穷，尽管我们是穷人，身份很卑微，但这丝毫不影响我们以后会成为一个有出息的人。

对于一时的贫穷，我们要坚信，从踏出生命旅程的那一刻起，我们就告别了贫穷，摒弃了过去。

也许我们无法看清未来，但是能够努力地把握好现在，认真地过好生命中的每一天。

拿破仑曾说过：“承认自己无能就是选择了失败，这种人最擅长的就是逃避生活，一事无成是他们必然的结局。”

生活中永远只有两种人：强者和弱者。

如果你认为自己的过去、现在、未来注定只是一只老鼠，那么最后的结果只有一个，就是成为猫的食物。而永不向命运妥协的人，最后一定能厚积薄发，成为一只凌空展翅的雄鹰。

其实，活在当下才能自然地展现出一个人的生命力。

当人能够从容地走出自己心的设限，无所牵挂地面对真正的自我及人生时，他才会有能力成为一个真正而纯粹的人。他也许不能立大功、成大业，但他善于把自己的潜力发挥出来，利人而利己。

1871 年的春天，英国蒙特瑞综合医科学校的学生威廉·奥斯勒对人生中很多事情都充满了疑问，他不明白身边的些许小事和自己远大的理想有什么内在联系。

而对于枯燥无味的学习生活，他的心里也充满了厌倦，所以他的成绩是每况愈下。

当他找到老师倾诉自己内心的困惑时，老师笑了笑什么也没有说，只是给他推荐了哲学家卡莱里写的一本启蒙读物，说在那里会找到他所需要的答案。

威廉·奥斯勒一向意志坚定，他渴望成功，对于现在的自己虽然有太多迷茫，但是对老师的话还是笃信不移的，说不定书中会有启发自己的东西呢。

就在他漫不经心地翻看着书的时候，忽然有一句话跃入他的眼帘，不由得让他眼前一亮："最重要的，就是不要去看远方模糊的未来，而是动手清理手边实实在在最具体的事情。"

他一下子明白了老师对他的良苦用心：理想是现实中模糊而又抽象的东西，过于胸怀大志，不脚踏实地，只会虚度光阴。所以，要先把自己做好，从基础开始，踏实地走好人生中的每一步，才能实现心目中的理想目标。

威廉·奥斯勒解决了内心的困惑，他明白自己需要做什么，以及应该怎么做。

放下了一切不切合实际的幻想，他开始了努力学习，把所有的时间都合理地运用到学习中去。仅半年的时间，威廉·奥斯勒一跃成为全校最优秀的学生。

两年后，威廉·奥斯勒以最优异的成绩毕业，到了一家医院工作，成为了一名医生。他严格要求自己，认真对待每一位患者，在医学上精益就精，在当地赢得了非常好的口碑。

多年以后，他创办了约翰·霍普金斯学院，他把自己的人生态度贯彻到每一个细节里。许多专家学者慕名来工作，使他的学院很快成为英国乃至世界知名的医学院。

后来，威廉·奥斯勒经常被邀请到耶鲁大学演讲。

在演讲中，他常常对学生们说，他之所以成功，是因为他“活在完全独立的今天”之中。他还说：“要把未来和昨天关在门外，未来就在于今天，最重要的是把你手边的事情做好，这就足够了。”

他正是靠着这两句话，努力地做着当下的事情，不仅成为那个时期最著名的医学家，还成为牛津大学医学院的钦定讲座教授，被英国女王授予了爵士爵位。

释迦牟尼说：“不悲过去，非贪未来，心系当下，由此安详。”佛祖也告诉我们，活在当下，是一种睿智豁达的生活态度。

贫穷和富有，是生活的两极，惧贫盼富是我们的本能，然而很少有人是含着金汤匙出生的。当命运把我们发配在贫穷的那边，我们不要自卑、不要气馁，认真过好每一个当下，说不定在某个清晨醒来，你会发现人生在不经意间早已发生了逆袭。

我们总喜欢为未来搽脂抹粉，把它装扮成最美丽的模样，这并没有错。但如果总是沉溺在漫无边际的幻想中期待未来，未来只能是一朵彼岸花，我们永远无法企及。

而当下一次次认真的努力，才会让我们一点点接近未来。总有一天会发现，我们会与最好的自己不期而遇。

对于过去发生的事情，无论好坏，我们都没必要耿耿于怀。过去那些让我们心生欢喜、为我们增光添彩的成绩，如果当下不努力保持，所有的荣誉终究会烟消云散，不留痕迹。

而那些做过的错事、走过的弯路，我们也不必遗憾和自责，陷入懊恼的漩涡中无法自拔，改过比知错更有意义。

不如，让我们把每个今天都过得锦绣如缎，当我们真的做到了，不经意间就会发现，生命是如此丰盈！

不要让你的生活变得将就

人生有限，时间经不起浪费，我们要把时间花费在重要的事情上。这样，我们才不会因为虚度光阴而把生活过成一种将就。

一件是紧急但不太重要的事，一件是重要但不太紧急的事，你先做哪一件？

很多人会毫不犹豫地选择前者。因为紧急的事务总会给人带来一定的压力，以至于你无法去思考别的事情。当你终于可以喘口气的时候，你很可能需要一些时间来休息和恢复。

是的，我们常爱把重要但不紧急的工作任务放在次要位置，一旦养成这种习惯便很难改变。

这种模式的表现是，那些重要但不紧急的任务，看起来总是马上就要开始，却从不会真正进入行动阶段。

长此以往，你很可能会被那些不紧不急不重要的任务填满。

那些重要的任务包括制定目标，规划未来，学习新技能，改善饮食习惯，开始新的运动项目，戒掉一项成瘾的恶习等，却被一拖再拖。

短期而言，这种拖延并看不出有什么大的影响，但是，时间久了，它们将给你带来巨大的坏处。

倘若你觉得自己总是忙个不停，但生活一成不变，那你很可能已经陷入了拖延重要任务、为处理紧急任务而忙得焦头烂额的怪圈中。

此时此刻，你一定要放下手中的工作，认真地去反省一下自己的做事方式，看看自己是不是正没有任何计划地工作，不分轻重缓急地做事。

当你发现自己陷入忙碌到不重要事情的怪圈中时，赶快改正，想办法把主要精力用在最重要的事情上去。

张雪是某私企经理的秘书。

几年前刚进公司时，她做事总分不清主次，每次上司布置工作时，她都十分认真地记录，可到具体执行时便因种种原因而耽搁：不是丢三落四，就是考虑不周。

有一次上司出差，临走前让张雪起草一份重要的发言报告，以备他一周后回来开会用。张雪认为时间极其充裕，可以慢慢准备，所以她只管忙着处理其他日常事务。

当上司将要回来时，张雪的报告还没开始动笔。不巧的是，她这天的事情又特别多，上午要替上司参加朋友的开业庆典，下午又要接待提前预约的客户。

等一切处理妥当，已临近下班，张雪只好回家连夜赶写报告。

当张雪坐到电脑前开始写报告时，发现自己竟然忘记将背景资料带回家。第二天，她只好一早就冲到办公室狂赶报告，终于在上司上班前勉强把报告写完了。

开完会后，上司把张雪叫到办公室，开门见山地问她的工作状况，然后严肃地说："你本有足够的时间做准备，为什么却交出这样没水平，甚至还有一大堆错字的报告？"

张雪这才意识到事情的严重性，便十分老实地讲述了报告的完成过程，等着被炒鱿鱼。

不料，上司十分感慨地说："你们这些刚毕业的年轻人，有热情但不够成熟，做事情完全分不清主次、先后。秘书的工作很琐碎，但是一定要分清重点，才能把工作做到位。"

听了上司的一席话，张雪顿时茅塞顿开。

可见，我们在做事情的时候一定要分清主次和轻重缓急，要把精力放在最重要的事情上。当你真正地掌握了这一点时，你的工作便会越做越顺利。

刘志强大学毕业后去了一家矿物研究所工作，这里大部分的人都拥有高学历，只有他是本科毕业。

这种工作相对来说十分枯燥，努力工作了两个月后，刘志强发现，他的不少同事都不敬业——他们对本职工作敷衍了事，闲暇时间不是打牌玩乐，就是搞第三产业——炒股、理财等。

研究所的工作进展极其缓慢，很长时间都没有什么成果。

而刘志强并没有因此而受到一丝一毫的影响，他依然扎扎实实地工作着，刻苦地钻研业务。当同事们都早早下班出去吃喝玩乐的时候，他还在办公室里托着下巴苦思冥想地计算着，或者在实验室里一遍遍做着试验，详细记录着数据。

面对同事们的冷嘲热讽，他一如既往地不断努力着。

就这样，他的业务水平快速提高了，不久他研究的一个项目终于出了成果，不仅在一家专业杂志上发表了数篇有影响力的论文，还为研究所申请到了更多的项目和基金。

但他并没有就此止步，还是像往常一样勤奋钻研着，大量地读书、做笔记，一有空闲时间就钻进实验室做实验。渐渐地，他成了这个领域的知名人物。

几年之后，刘志强便无可争议地坐上了所长的位子。

当你工作时，你应该把全部精力都倾注在事业上，不管你从事的是什么工作，都一定要认真而用心地去经营。我们每个人都应该做一行、爱一行、专一行，应该把时间和精力放在一件事情上，并且为之进行不懈地努力，这样你的心才会感到充实与舒畅。

世事如棋，要想下赢这盘棋，最重要的是要有缜密的心思和智慧。而懂得取舍，会让我们轻而易举就大获全胜。

我们常常累得筋疲力尽，却收获颇微，甚至吃力不讨好，就是因为我们分不清主次、辨不明轻重缓急，把精力消耗在了偏离方向且不重要的事情上，白白做了许多无用功。

西瓜芝麻一把抓，结果往往捡了芝麻丢了西瓜——我们在羡慕别人成功的同时，往往不知道自己的失误到底在哪里。

要想达到更好的生活状态，除了勤奋、努力、勇气，还要懂得运用智慧和谋略。你要修炼出一双能辨明主次的火眼金睛，看待这纷纷扰扰的生活，对旁枝末节手起刀落“断、舍、离”，剔除了羁绊再全力以赴，成果就会唾手可得！

时光自会给我们惊喜

每个人都会有这样那样的想法，都会有这样那样的理想，这无疑是值得肯定的。

但是，在实施的过程中，总会遇到一些困难挫折，以至于使自己根本无法找到人生的方向。而且，没有任何人能够真正清楚地告诉我们，究竟该选择一条什么样的人生道路。

于是，我们安于现状过着单调重复的日子，今天是昨天的翻版，明天复制着今天——日复一日地浪费着大好的人生光阴，消耗着一去不复返的青春。

这种所谓的稳定，其实是在浪费生命。

其实，我们完全可以骄傲地为自己树一面理想的旗帜，然后沿着它的足迹不断地前进。

王鑫在大学学的是软件开发，毕业那年，全班 35 个同学，只有 5 个人从事了与软件开发有关的工作，其他的都应聘了跟软件开发风马牛不相及的岗位。

因为大家都知道，做“码农”太辛苦了。大家在实习期就深切地体会到了程序员的艰辛：熬夜加班是家常便饭，最难以忍受的是，客户一句话，你熬夜加班的成果说不定就会全部被否定，除了从头再来没有别的办法。

王鑫尽管十分热爱软件开发这个专业，但他还是像班上大多数同学一样没有选择本专业，而是听从家里人的安排，毕业后回到老家的小城，进了一个企业单位的后勤机关，坐起了办公室。

参加工作后没多久，同事给王鑫介绍了一个姑娘。

两人谈了一年多有滋有味的恋爱，就走进了婚姻的殿堂。转年，妻子给他生了个如花朵一样的女儿，王鑫幸福得晕头转向。

幸福不过是老婆孩子热炕头，王鑫现在就是这样。妻子虽不是貌美如花，却也楚楚动人。他虽谈不上大富大贵，却也能保证一家人衣食无忧。房子虽小，但也冬暖夏凉，舒适惬意……

日子像溪水一样缓缓流淌，王鑫对安稳的生活状态很满足。他想，就这样过一生，好像也不错。

然而，母亲忽然患病，把王鑫平静的生活彻底打乱了。母亲住院后，高昂的治疗费用很快让这个家庭陷入了拮据的境地。为了挽救母亲的生命，王鑫东拼西凑借了很多外债。

当母亲的病情稳定下来后，王鑫开始重新审视自己的人生：连亲人的医疗费用都解决不了，我还算个合格的男人吗？我还年轻，难道就这样浑浑噩噩地生活下去吗？我要通过自己的努力，让家人过上安稳踏实的日子！

幸好王鑫是个敢想敢做的人，他做好打算后，立即向单位递交了辞呈，踏上了开往深圳的列车。

王鑫本来以为凭借自己当年优秀的专业知识，可以毫不费力地找到一份工作——哪知道自己荒废专业的这几年，软件市场的发展日新月异，自己早已被潮流远远地甩在了后面。王鑫第一次意识到这些年是在浪费生命，自己好像被这个时代抛弃了！

王鑫是个倔强的人，骨子里有着不服输的基因。他通过同学的关系，辗转进了一家公司。利用自己扎实的基本功和对软件开发的热爱，他很快就掌握了最先进的软件技术操作。然而，尽管他拼命工作，还是遭遇了一次次的不顺。

王鑫的第一份工作，做的是医药销售管理系统。公司效益不好，同事们纷纷离开，他是倒数第二个走的，最后公司倒闭了。

他的第二份工作是做办公自动化系统。然而，部门经理经常删除他的代码，还冤枉他破坏服务器，公司克扣了他近两个月工资，于是他便离职了。

他的第三份工作是在一家给南方航空做在线售票系统的公司，做了不到三个月，公司又倒闭了，员工们都在周末回公司抢机器来抵工资……

王鑫自己的生活费都常常没有着落，更别说赚钱还债的事情了。他陷入了深深的绝望中，但是，他告诉自己：一定要坚持下去！

王鑫找到第四份工作的时候，命运终于出现了转机。这是一家做房地产管理系统的公司，王鑫在这期间写了个人的千万下载量软件。王鑫常去技术论坛跟大咖们讨论软件技术，在论坛被一个技术猎头看中。猎头请王鑫移民澳洲发展，年薪自然相当诱人。

澳洲公司是做能源管理的，老板是斯里兰卡人，公司大部分员工是印度人，部门经理是伊朗人，其他都是印度码农。王鑫在公司做了大量数据库优化，他的数据库技术大增，还重写了主系统，掌握了 ASP.NET MVC、Bootstrap、Knockoutjs 等一系列技术。毋庸置疑，他成了公司的顶梁柱，深得老板器重。

接着，王鑫很快便还清了外债，并为家人办理了移民申请。他的人生，因此而得到了很好的提升。

年轻的我们，都不想把生活过得暮气沉沉。但是我们常常像一只裹挟在生活洪流中的困兽，为当前的狭隘困顿痛苦不已，觉得被束缚了手脚，无法挣脱羁绊。

最怕一生庸碌无为，我们还聊以自慰平淡是真。我们所谓的稳定，其实是在自欺欺人，别在应该拼搏的年纪选择稳定。世界上最大的不变是改变，只有每天进步，才能拥抱生命的无限可能 。

得过且过是温水煮青蛙，生活终究会被毁得面目全非。我们缺少的，是奋力一搏的勇气和勇往直前的动力。

那么，对现状不满意就要努力改变。在完善提高自己的同时，大胆一些，努力一下，只要我们拼尽全力，时光自会给我们一个惊喜。

第三章

拼搏到无能为力，坚持到感动自己

不惧未来，不忘初衷

生命怎能轻言放弃

现在吃的苦，会照亮未来的每一步

我只是想过和别人不一样的生活

人生为你准备了不止一个出口

不惧未来，不忘初衷

爱当下的生活，爱当下的自己。爱的力量巨大无比，它会让平淡无奇的生命变得绚丽多彩！

我们常常感叹命运的不公，也会常常埋怨世事难料。其实，命运一直掌握在我们自己手中，就在于我们如何选择自己的人生路。

上天赋予人类智慧，使人有灵性，有感情。对于这一切我们当然要感恩，不仅要感恩过去，更要感恩现在。

佛说：安然一份过去，是一种超脱。认真活在当下的人，才会越来越爱自己的世界。

是的，爱自己，爱当下。

忘记过往，专注当下，向着光亮的前方奔跑。在这条路上，没有谁能一直走直线，阴晴圆缺、有得有失，这才是人生。

所以，人生的路程看似漫长，但其实很短暂，过去的都已经烟消云散了，唯有抓住现在才是最重要的。

记得于丹在《论语》心得里说：天时、地利、人和，对于任何一个人缺一不可，这天空就是梦想，这大地就是现实，那些只有天空没有土地的人是梦想主义者，而不是理想主义者。而那些只有地没有天的是务实主义者，不是现实主义者。

许多人喜欢预支明天的烦恼，想要尽早远离它。可是如果明天有烦恼，今天是无法解决的，每一天都有每一天的人生功课要交，努力做好今天的功课再说吧。

用平常心对待每一天，用感恩的心对待当下的生活，我们才能理解生活和快乐的真正含义。

在童话王国丹麦曾经流传着这样的一个民间故事，说有一个铁匠，家境非常贫穷，各种各样的担心总是困扰着他，让他无所适从。

这些忧虑让他的身体越来越虚弱，他很快就卧病在床。

有一次他外出的时候，因为身体的原因一下子跌倒在路上。

正好有一位学者看到了，把他扶起来后问是什么情况。

铁匠忧伤地说："我总是担心自己的身体健康，如果有一天我病了，不能工作，那我的生活该怎么继续下去呢？我没有多余的钱，以后我该怎么办呢？"

学者听了他的话，心里很是同情，于是，从怀里掏出来一条金灿灿的项链对他说："这条项链足以让你的后半生衣食无忧，但是你不能轻易地卖掉它。"

铁匠遇到了这么好的人，感激涕零，拿着项链高高兴兴地回家了。

铁匠因为有了这条项链，再也没有愁眉不展、胡思乱想，他白天安心工作，晚上很快就能进入梦乡，身体逐渐恢复了健康，日子过得越来越好。

有一天，他拿出那条项链让首饰店的老板看看，大概能值多少钱。

没想到，首饰店老板看了看就哈哈大笑，说这条项链是假的，根本不值钱。

此时的铁匠终于明白了，学者给他的项链是治愈他心病的良方啊！

从这则故事里，我们可以悟出这样一个道理：不要预支明天的烦恼，做好今天的功课，就是应对明天烦恼的最好法宝。

时光的流逝永不停息，我们应该学会忘记过去的遗憾，过去的伤痛，因为还有许多美好的事在等着我们，支撑着我们。

我们无法抗拒生命的流逝，就像我们无法抗拒每天太阳的东升西落，因此，我们应学会忘记。不要把命运加给我们的一点点痛苦，在我们有限的生命里反复咀嚼、回味，那样将得不偿失，有百害无一利。

忘记昨天，是为了今天的振作。

忘记他人对你的伤害，忘记愤怒和耻辱，让自己豁达、宽容，能轻松掌控自己的生活。

忘记烦恼，你可以轻松地面临未来的考验；忘记忧愁，你可以享受生活赋予你的乐趣；忘记痛苦，你可以摆脱纠缠，让整个心沉浸在悠闲无虑的宁静中，体味生活多姿多彩的缤纷。

成大事不要为一时的得失所牵绊，成功的人都懂得，只有吸取昨天惨败的经验，在今天做好完善的准备，才能迎接明天的凯旋。

有位不知名的画家很仰慕画家柯罗，一天，他拿着自己的得意之作想请大师赐教。

柯罗耐心地挑出了画中的几处缺陷，年轻画家很是感激地说：

“等明天，我一定按您指教的去改。”

柯罗听了却说：“为什么不是今天？要是你今晚就死了呢？”

诚然，除非有什么天灾人祸，否则年轻画家是不会在半夜猝死的。其实，柯罗的话，正好代表了这样一种生活哲学：把每一天都当作生命的最后一天来过。

曾经风靡一时的影片《泰坦尼克号》里男主人公说过这么一句话：“享受并珍惜每一天，才能获得真正的幸福！”

也许你仕途坎坷，也许你职场不济，也许你情场失意，这都不要紧，要紧的是你拥有完全属于你的时间，今日的朝阳已经升起，何必再为昨天的落日而感伤?

看看周围的世界，一切都那么美好：活泼可爱的孩子、体贴知心的朋友、嘘寒问暖的家人，还有散发着墨香的书籍、湿润清新的空气——这一切都等着你去关爱、去感受。

在纽约北郊，曾住着一位叫罗斯的姑娘，她经常自怨自艾，认定自己的理想永远实现不了。她和很多妙龄姑娘一样，希望跟一位潇洒的白马王子结婚，白头偕老。

慢慢地，周围的姑娘都先后成家了，罗斯成了大龄女青年，她觉得自己的梦想永远都不会变成现实了。

一个雨天的下午，罗斯在家人的劝说下，去找一位著名的心理学家做咨询。

在握手的时候，她那冰凉的手指让人心颤，她凄怨的眼神，如同坟墓中飘出的苍白面孔，这一切都在向心理学家暗示：我的人生没有指望了，你有什么办法吗?

心理学家沉思了一会儿，然后说道：“罗斯，我想请你帮我一个忙，我真的很需要你的帮助，可以吗？”

罗斯将信将疑地点了点头。

“是这样的，我家要在星期二开个晚会，但是我的妻子一个人忙不过来，需要你来帮我招呼客人。明天一早，你先去买一套新衣服，不过你不要自己挑，你只问店员，按她的主意买。然后去做个发型，同样按理发师的意见办，听好心人的意见是非常有益的。”

接着，心理学家说：“到我家来的客人很多，但是互相认识的人并不多，你要帮我主动去招呼客人，代表我欢迎他们，要注意帮助他们，特别是孤独寂寞的人。我需要你帮助我照料每一位客人，你明白了吗？”

罗斯一脸不安，心理学家又鼓励道：“没关系，其实很简单。比如说，看哪个人没咖啡就端一杯，要是太闷热了，开开窗户什么的。”

罗斯终于决定试一试。

星期二这天，罗斯仪容得体地来到了晚会上。

按照心理学家的要求，她尽心尽力，一心只想着帮助别人。她眼神活泼，笑容可掬，完全忘掉了自己的心事，成了晚会上最受欢迎的人。

故事的最后，罗斯在宴会上认识了一位年轻人，后来两个人结了婚，过上了平凡幸福的日子。

没错，罗斯最终能够获得幸福，是因为她聪明地选择了活在当下，把微笑留在现在。

活在当下，是不念过往心系眼前，是不畏前路风急雨骤，只管一路风景一路歌。

杞人忧天，是众人皆知的成语。在我们耻笑那个杞人的时候，也许从来没想到，自己与他如出一辙。我们常常焦虑不安，是因为对未来充满恐惧。而恐惧的原因，很多是凭空臆想出来的烦恼，并把烦恼无限放大。

人生没有坦途，是福不是祸，是祸躲不过，用平常心走平常路才对。

我们永远不知道，意外和明天哪个会先来，那就好好珍惜当下的时光吧！而用心去爱，是珍惜当下最好的方式：爱工作，因为它是谋生的手段，更是体现自我价值的平台；爱家人，父母需要我们的陪伴和照顾，爱人需要我们相濡以沫、同舟共济，孩子需要我们抚养和教育。

当然，我们更要好好爱自己。如此，我们才有能力爱这个世界！

其实，我们一直都处在大脑思维的控制之下，生活在对时间的永恒焦虑中。我们忘不掉过去，更担心未来。但实际上，我们只能活在当下，活在此时此刻，所有的一切都是在当下发生的，而过去和未来只是一个无意义的时间概念。

通过对当下的臣服，你才能找到真正的力量，找到获得平和与宁静的入口。在那里，生命才能享受到真正的欢乐。

不惧前行，不忘初衷。如此，一切安好！

生命怎能轻言放弃

生命是一切的根本，只有拥有生命，才能拥有无限的可能性。好好活着，是最简单的道理。

有人说，死是一种解脱。

也许，死对死了的人来说是一种解脱，可他当时想过留下来的人的感受吗？一人的解脱会带给更多人痛苦，这是一种多么不负责任的行为。

属于你的苦你就要承受，无论是生是死，你不能把它们强加到那些关爱你的人身上，因为在这个冷漠的世界上，爱毕竟没有错。

活着，是你最正确的选择，即便是在你最不堪的时候，都要抱着活下去的信念。死亡是一种诱惑，它不是牵引，因此，在人世间，什么都可以放弃，唯有生命不能。

我们曾为生命的脆弱而唏嘘，为疾病而忧心，为死亡而惊惧，为世事的无常而慨叹，为人生的坎坷而愤懑、颓丧。

可是，正是因为短促而不可知的生命旅途中有太多的烦扰与困顿，所剩那少许的愉悦才会显得弥足珍贵，因而才更需要用心去经营，使它开出芬芳的花朵。

在这样的背景下，我们更要记住：好好活下去，感恩地活着。

用一生的努力去把握，用一生的付出去回报。

据世界卫生组织统计，全世界每年约有100万人自杀身亡，而自杀未遂者的数量则为此数字的10至20倍。因此，全球平均每40秒钟就有一人自杀身亡，每3秒钟就有一人企图自杀。

专家认为，如果进行主动的健康心理干预，就会防备抑郁和减少自杀的发生概率。

“无论你有多卑微，世界上都有自己的一席之地，一片天空，一样的生与死的尊严。”生命只有一次，需要更加珍惜。

很多人自杀死亡，造成了亲人的痛苦、朋友的悲哀、社会的损失。所以，很多时候，倘若你有心事就请一定说出来，多用健康的心态去面对事物。

1880年，美国亚拉巴马州北部一个叫塔斯喀姆比亚的城镇里，有一位叫海伦·凯勒的女婴降生了。

可是一场不幸降临到了她的身上，她幼年时因为患病失去了视力和听力，并且连语言表达能力也在逐步丧失。

但是海伦没有屈服于命运带给她的不幸，她不但学会了读书、说话，并以优异的成绩在美国拉德克利夫学院毕业，成为一名学识渊博，掌握英、法、德、拉丁、希腊五种文字的著名作家和教育家。

海伦走遍美国和世界各地，为盲人学校募集资金，把自己的一生献给了盲人福利和教育事业，赢得了各国人民对她的赞扬。

没有人会知道，一个聋盲人如何摆脱黑暗走向光明，她过上和正常人一样的生活要付出多少倍的努力和艰辛。

但是她没有屈服，学习每一个词语、每一个句子都让她经历了不知多少遍的练习。

海伦从 7 岁开始上学到考入拉德克利夫学院，在这漫长的 14 年里，她并没有因为自己的身体残患不方便，疏于与亲人朋友之间的沟通，而是把这些年在旅途中的见闻都以写信的形式，向他们一一描述，内容丰富多彩，其中也倾尽了她自己所有的情感。

在大学学习时，许多教材都没有盲文版本，要靠别人把书的内容拼写在她手上，她才能学习，因此她要比其他同学花费更多的时间。当其他同学在外面嬉戏、唱歌的时候，她都在努力备课。

海伦说："我的老师安妮·曼斯菲尔德·莎莉文来到我家的这一天，是我一生中最重要的一天，她使我的精神获得了解放。"

海伦能够走出黑暗，与这位老师的循循善诱是分不开的，是莎莉文老师带给了她一个全新的世界，她从点滴做起，一步一步带领着海伦走向了光明。

海伦因病致残，这给她的性格带来了很大的影响，在别人眼里，她就是一个无可救药的废物。但是她能经过自己后天的努力，排除疾病给她带来的种种障碍，成为一个至今都为人称道的教育家和作家。

可是这奇迹的背后，她所面对的痛苦和艰辛，又有多少正常人能忍受呢？

海伦怀着对生活的热爱和对美好的向往，走向了一个正常人都很难企及的高度。她喜欢骑马、旅游、化学、下棋等活动，并且在戏剧舞台上也会出现她的身影。她常常在博物馆和名胜古迹处流连，这开阔了她的视野，丰富了她的知识。

在她21岁的时候，她的处女作《我生活的故事》被发表，这是她和她的老师共同合作的结晶。

在以后的60多年里，她写下了14部著作。

我们都会被海伦那不向命运屈服、热爱生命的精神所感动。

是啊，要想使自己的人生变得有价值，就一定要经受住磨难的考验；要想使自己活得快乐，就一定要接受和肯定自己。

比如，卡特虽然是一个失去双手和双腿的高中生，但是没有人能想到他会是一个自由摔跤手。身体的残疾并没有击垮他不屈的意志，他以顽强的精神战胜了自己，用实际行动创造出了没被命运所打倒的伟大奇迹。

他的事迹感动了千千万万的人，告诫人们不要因为磨难就放弃对生活的执着和热爱。

卡特5岁时因为急性血液感染而濒临死亡，他需要做截肢手术保命。

现实给了卡特残酷的一课，让他必须独自去面对，但是他没有气馁，更没有退缩。在他成长的过程中，他经历的困难是正常人所无法想象的。

为了方便行动，医院帮他打造了电子手臂和机械义肢。初中时他爱上了摔跤，他问校长自己可否加入摔跤校队。校长没有拒绝，教练也鼓励他参加，就这样，他成了学校的摔跤选手。

从2007年到现在，他的战绩是36胜1负，成了OHIO中南区高中组的冠军。身体正常的选手都难以达成的目标，被一个没有手脚的卡特做到了。

生命是父母的馈赠，是最珍贵的礼物，轻易放弃，是一种自私狭隘的伤害。用放弃成全解脱，实在是一种愚蠢懦弱的行为！

更何况，我们有什么理由放弃呢？有那么多残疾人，忍受着身体的病痛，艰难但认真地活着，而且取得了举世瞩目的成绩。面对他们，我们不觉得那个击垮生命信念的原因，显得轻飘而可笑吗？

放弃生命是一种精神残疾，治疗它的最好方案就是内外兼治。

对内要强大自己的精神世界，提升我们内在的信心、豁达、愉悦、进取等正能量，规避自私、猜疑、沮丧、消沉的情绪，让心的城堡坚不可摧。

对外要努力体现自我价值，让生命的旗帜迎风招展，宣扬自己在这个世界是不可或缺的！

肢体的健全、出身的显赫、道路的平坦，并不意味着人生圆满。多少健全人却有着残缺幼稚的心智，多少富家子弟也会潦倒中落，多少一帆风顺之人遇到些波澜坎坷就一蹶不振……

活着，才能感觉到生命的律动。

无论多么不堪，只要活着，我们就是幸运的。而面对磨难，坚韧顽强地活出迷人的姿态，才是上天恩赐给我们的完美礼物。

现在吃的苦，会照亮未来的每一步

海伦·凯勒有过一段精妙的阐述：“在获取无比丰富的生命体验的过程中，如果一帆风顺，那我们将失去一些发自内心深处的无上喜悦。只有穿越黑暗幽深的山谷，到达山顶的时候才会欣喜若狂。”

由此可见，苦难存在的本质，是为了让我们更好地体会喜悦。

生命是一个丰富的体验过程，困苦是无法避开的一个重要环节。面对磨难，我们要像凤凰一样，把痛苦当成重生的道场。

虽然时隔多年，但一提到那场汶川大地震，依然令人惊心动魄，而那场地震也改变了很多人的生活。

她是一位年轻漂亮的舞蹈教师，有一个聪明可爱的女儿。如果不是那场特大地震，她的生活将会一如既往地宁静和美。

2008 年 5 月 12 日那天下午，突如其来的灾难降临到她和她的乡亲们身上，她当时正和女儿在屋里，眼睁睁地看着屋顶向她们母女砸下来，却无法躲开这场浩劫。那场地震在一瞬间夺去了数以万计的人的性命，其中就有她的女儿，还有她的一双腿。

截肢后，她躺在病床上，来看望她的人一拨又一拨，感受到他们的关怀，她心中充满了感动和感恩。为了不让所有人为她难过，她微笑着告诉大家“没关系，我很好”，但她的内心深处充满了痛苦和恐惧。

她思念女儿，想到女儿的身体在废墟下慢慢变凉，她的心便会撕心裂肺似的痛。在承受丧女之痛的同时，她还必须面对自己没有双腿的残酷现实——她是一名舞蹈老师，双腿是她事业的根基，没有了双腿，她的事业还要怎样继续下去?

事业没有了，但还要生活，她总不能一辈子被禁锢在轮椅上。为了能够自由地站在阳光下，她选择装义肢。

但假肢是塑胶钢管组合而成的，冰冷而坚硬，套在刚长出嫩肉的断腿创面上，那种摩擦像是无数根针扎进肉里，巨大的疼痛让她心中对假肢充满浓浓的恐惧。

每天早上一睁开眼，看到摆在床头的那对假肢，她就觉得有一股寒流涌进心里，让她彻体冰凉。如果她能站起来走到窗前，她会把这对冰冷的东西重重地掷出窗外。

但她不能，如果没有人帮助，她甚至无法从床上下来。

她不想就这样放弃自己，于是咬着牙练习使用假肢，但一次次钻心的疼痛和不可把控的难忍让她终于崩溃了。在一次摔倒后，她把一对假肢扔得远远的，发誓再也不触碰它们了。

看着沮丧而绝望的女儿，心疼不已的母亲紧紧地抱着她说：“咱们不装假肢了，妈妈会照顾你，妈妈永远都会在身边照顾你。”

接下来的日子里，她心安理得地坐在了轮椅上，任由父母来照顾自己。饭来张口、衣来伸手，她想，生活这样子过下去其实也不错。

但很快她就发现，这样的逃避根本不可能解决问题。

那天，她睡醒了想要去上洗手间，平日里都是母亲抱她去，可当时母亲有事出去了，她只好坐在床上等待。

等了很久也不见母亲回来，而她已经无法再憋下去了。无奈之下，她只好顺着床边慢慢滑下去，然后跪着爬到外面客厅。她无法忍受自己要爬进洗手间，于是拿起摆在客厅里的假肢穿上。

因为好多天都没有练习穿假肢，她对假肢更加无法把控，跌跌撞撞地刚走进洗手间，她便身子往前一倾重重地摔倒在地上。她的头狠狠地撞在坐便器上，头发散开浸在污水里，剧烈的疼痛让她几乎晕过去。

她挣扎着爬起来，本想要狠狠咒骂一句，但一眼瞥见镜子里那个披头散发、狼狈不堪的自己，她的怨气和委屈在瞬间被压了下去，取而代之的是深深的恐惧——难道这就是将来的自己吗？将来自己就要过这样没有尊严和自由的生活吗？

“不！绝不！”她冲着镜子里的自己大声而坚定地说。

接下来的日子里，她疯狂地练习穿假肢。每天除了吃饭，剩下的时间她便把自己关在卧室里，穿着假肢抬腿、转圈、压韧带，断腿的创面一次次被磨出血，每走一步都像是踩在锋利的刀尖上，但她毫不放弃，依然咬紧牙关坚持练习。

半个月后，她挺直腰板、迈着稳健的步伐走出卧室。那一刻，父母的眼睛里含满了泪水。两个月后，她松开妈妈的手，勇敢地随着人群穿过街上的红绿灯。

半年后，她拒绝母亲的陪同，一个人回到家乡参加“鼓舞”义演。当她在舞台上随着音乐优雅地旋转时，观众都惊呆了，眼前这个舞姿优美的美丽女子，哪里像是一个没有双腿的残疾人？

当她把假肢摘下来扔在旁边，残缺着双腿跪在鼓上击打时，所有人的眼里都满含着眼泪。

她就是当年汶川地震中的最美舞者廖智。从失去一切对生活绝望，到在阳光下自由行走飞舞，她的事迹感动了无数人。

凤凰在燃烧的火焰中完成了脱胎换骨的蜕变，迎来了重生，生命因此得到了升华。

我们如果是凤凰，那生活的大熔炉就是炙烤我们的火焰。

这熊熊火焰是艰难困苦，是挫折和失败，是嘲笑和误会，是爱恨情仇和恩恩怨怨……我们不能在烈火中灰飞烟灭，我们的心智要在层层的磨砺中脱颖而出，然后拥有见招拆招的能力：面对苦痛，我们坦然一笑。

不以一时成败论英雄，相信只要有付出，或大或小，或迟或早，肯定会有回报。不畏流言蜚语，勇敢做最真的自己——缘来多珍惜，缘尽随他去……

决定你有没有未来的，是现在的你是否努力！

而努力，也有它的方法、窍门、规则，以及灵魂需要的顿悟。在顿悟的瞬间，思想会生出崭新的翅膀，带着我们从烈焰中腾空而起，完成生命的升华。

没有人喜欢磨难，但是当磨难横刀立马拦住了我们的去路，我们只能积极面对，迎难而上，波澜壮阔的生命会因此而升华。你所受的苦，总有一天会照亮你未来的路，让你抵达一个全新的境界！

我只是想过和别人不一样的生活

我们常有这样一种体会，越是得来不易的东西越是珍惜，因为历尽艰辛得来的果实更甜美。

当然，要想经历艰辛，就得有自强不息的精神。

一个人如果具备自强不息的精神，他的情感和心态就会充满活力，让他不会在消极、失败、成见、怀疑面前止步。那种对自己永不满足的态度由内到外透出来，就会不自觉地洋溢出生机与魅力。

世界上每个人的成功都来之不易，正如冰心所说："成功的花儿，人们只惊羡它现时的明艳，然而当初它的芽儿，浸透了奋斗的泪泉，洒遍了牺牲的血雨。"

生命是一棵树，我们所有的努力，都是为了让它结出果实。而每一个果实，都需要我们付出血汗。我们付出的越多，果实就越甜蜜。

那一年，她从北京广播学院播音系毕业了。

四年的大学生活让她深深地喜欢上了北京这座城市，可是，按照当时的分配原则，她却面临着回到原籍安徽的命运。

"只要能够留在北京，哪怕不让我做播音员、主持人的工作，我都心甘情愿。"她不止一次在心底呼唤着。于是，她开始用双脚丈量北京城的每一寸土地，希望寻找能够留下来的机会。

执着感动了上天，她被北京的一家单位聘用，做起了配音工作，实现了她最初的梦想。但这是一份把大量时间都花在喝茶、看报纸上的差事，并且专业不对口，如此种种都成了她的心病，让她不甘又惶恐。

于是，她不安分的心又开始蠢蠢欲动起来。

她又跑到一家电视台去应聘。虽然表现不错，但在济济人才中她还是名落孙山了。或许是冷冰冰的主考官激怒了她，在离开的那一瞬，她又折身而回，请求留下来，不管做什么，只要能够留在台里。

主考官被她真诚的眼神所打动，答应给她一个机会，但是只能从最底层做起。

从那天起，台里的传达室多了一个每天都带着浅浅笑意的女孩子。打水、扫地、取报纸、送快递，她每天都在繁琐的工作中寻找着自己的快乐，也没有因为工作的卑微而放弃学习。

她相信，只要通过自己不懈的努力和坚持，幸运之神一定会降临到自己的面前。

很快，她修成了正果。

有一天，领导让她上镜试播。谁知，这一试，让她由勤杂工成了主持人，并且被调到了中央电视台。

她就是如今的金牌主持人周涛。

从这个故事中，我们可以悟出一个道理：在这个世界上，任何成功都不可能一蹴而就，都必须经历一番磨难。面对困难和挫折，要懂得坦然勇敢地去面对，退缩所带来的将只会是失败的命运。

也许你会觉得要改变自己的性格并不容易，这时候，遇事不妨往好的方面想一想，用积极的想法改变自己的心态。而且，越是艰苦你越要相信，这一切的尽头将是成功与欢笑。

加拿大人戴维·摩尔被贝尔电信派到中国山东指导新成立的中国联通公司开拓无线通信市场。当时，张萍是贝尔电信山东分公司的首席翻译。两人一见钟情，爱情的力量迫使摩尔放弃了回国的打算，与张萍开始了浪漫的爱情之旅。

婚后，他们来到了北京发展。由于摩尔喜欢相声演员大山，就改名为二山。

美中不足的是，二山皮肤过敏，再加上北京的气候干燥，他感到极度不适应。他身上有四十多种的过敏反应症状，给他的生活带来了极大的不方便，这让二山苦恼不堪。

张萍特意为他买来各种针对皮肤敏感的化妆品，可是没有任何效果，状况反而是越来越严重。

各种方法都尝试过后，夫妻俩人逐渐失去了治愈的信心。

在一次偶然的机会中，二山通过互联网了解到有关冷法手工皂和有机护肤品的概念。由于他在大学期间学习的是基础科学，对于化学、物理、生化、地质都有一定的研究，于是他开始尝试欧洲传统冷法手工皂的研制。

二山在厨房利用橄榄油和小苏打进行试验，张萍在一旁当助手。他们经历了一次又一次的实验，第一块大圆饼冷法手工皂终于试制成功。

小两口非常高兴，二山开始尝试着用他们的研究成果。没想到，不到半个月皮肤不痒了，身上的斑点也在逐渐地消退。一个月后，过敏症状竟然彻底消失了。

二山终于可以像其他人那样走出家门，享受大自然带给他的美好了。

身体上的种种变化，让二山感受到了大自然的神奇，从此，他心中多了一个执着而坚定的梦——他开始学习医药学和植物学，针对各种皮肤问题潜心研究，利用大自然赋予的天然原料去创造他的有机梦，保留自然的纯净与天然。

活得快乐、活得健康，是二山的生活态度，无论贫穷和富裕都不能改变他的这一信念。

张萍对这次实验的成功感到由衷的兴奋，她觉得做这种有机化妆品是个潜力无限的商机。夫妻二人商量后，决定尝试一次。

2002 年初，二山与张萍先后辞去了工作，全身心地去研究开发冷法天然手工皂，在中国当起了“洋农夫”。

当时，二山与张萍住在北京四惠附近，有机工厂却在偏远的房山良乡。50 多公里的路程，两口子整整跑了三年。在交通和物流种种不便因素的影响下，二山在通州租下了三亩大的院子，并设计了自己的有机梦工厂，在这里度过了他的 12 个春秋。

可是事情并没有想象的那么简单。因为价格上的原因，他们不仅没有招来经销商销售，就连身边的朋友都不怎么认可。

张萍通过对市场调研了解到，很多人对冷法手工皂缺乏了解，因为其做工属于全天然，并且其中很多的原材料需要进口，成本较高，所以相应的价位也很高。并且制作时间比普通香皂要长，这也是面对大众化市场最主要的障碍。

因为国内消费者对这类化妆品不认可，所以他们就把目光投向了海外市场，并且在网上大力推广。慢慢地，终于有了他们自己的消费群体。

如今，二山与张萍在这里生儿育女，共同筑造着他们的“中国梦”和生活乐园。

二山以纯天然、零排污作为基点，创造了“OE 有机地球”作为自己的品牌，将有机护肤品销售到世界各地。如今，产品已出口到美国、澳大利亚等 30 多个国家和地区。

他用自己的智慧和真诚影响着这个世界，呼吁人们对自然的认知和对环境的保护。

古今大凡有成就的人，无一不是吃过苦中苦，并且经历过巨大磨难的。

“宝剑锋从磨砺出，梅花香自苦寒来。”苦难就是财富。

“盖文王拘而演《周易》；仲尼厄而作《春秋》；屈原放逐，乃赋《离骚》；左丘失明，厥有《国语》；孙子膑脚，《兵法》修列；不韦迁蜀，世传《吕览》；韩非囚秦，《说难》《孤愤》；《诗》三百篇，大抵圣贤发愤之所为作也。”

纵观古今，没有人能随随便便成功。无限风光在险峰，俊美的树，总是扎根于悬崖峭壁之上。只有敢于攀登的勇士，才能看到绝美的风景。

我们要做那个永不放弃的人，不畏山重水复，不畏荆棘遍布。

成功的果实需要我们用血汗来浇灌——我们流淌的汗水，我们付出的心血，最终都会转化为成功之果的琼浆玉液。

只有努力，才是我们一辈子的护身符！赢在起点并没有那么重要，重要的是，赢在终点才是真的赢。

丰硕的果实，会把生命装扮得厚重而美好。如果你想过和别人不一样的生活，除了付出心血去换取，没有别的选择。

人生为你准备了不止一个出口

生命有很多困顿的时刻，眼前的山重水复会让人步履维艰，看不到希望。这个时候，只要坚持走下去，就会发现生命的出口——让我们眼前一亮的，原来真是柳暗花明又一村。

黑人男中音歌手纳京高，在年轻的时候是一个名不见经传的钢琴演奏者，只是在酒吧以演奏为生。因为技艺不错，倒也拥有了一大批粉丝。

一天晚上他正在演奏，突然有一位客人别出心裁，要求他不要弹琴，想听他唱一首歌。

面对此种情形，纳京高只是拒绝，因为他从小只是学习钢琴，从没有学过唱歌，如果让他当着这么多人演唱，他心里还真的没有自信。

然而，根本没有人听他解释。

酒吧老板知道后，只对纳京高说了一句话："倘若你不想失业的话，就唱一首歌吧。"

无奈之下，纳京高红着脸，怯生生地唱了一首《蒙娜丽莎》。不料，歌声一起，居然赢得了满堂彩！

从此，他开始一边演奏一边歌唱。后来，他唱歌的名声远远超过了钢琴演奏，成为风靡全球的"爵士歌王"。

每个人都有天生的不足，但最重要的是要发现自己、肯定自己。人生最大的悲剧不是没有实现目标，而是没有目标可实现。

人首先应该改变自己的态度，这样才能改变人生的高度。向着自己既定的目标前行，坚持不懈，不给自己找任何借口，一步一个脚印坚实地走下去，一定会获得成功。

冯绪泉出生于江西省铜鼓县一个世代以编织为业的家庭，父亲编得一手好活儿，他编出的竹器结实耐用美观，受到大家的广泛欢迎，十里八乡都非常有名。

冯绪泉小时候非常聪明，耳濡目染也学会了编些小物件。大家看他小小年纪就能编得像模像样，都夸他将来一定和他父亲一样是个能工巧匠。

可是父亲却不想让儿子走他的老路，希望儿子在学业上能够大展宏图。可是冯绪泉背着父亲偷偷地学着编。

初中毕业后，冯绪泉考上了一所师范学校。如果安于现状的话，他现在顶多是个衣食无忧的教师，但他那天生叛逆的性格，却早早地表现了出来。

他一边教书，一边寻找其他的出路。

2005 年 2 月，不满足于现状的冯绪泉辞职和妻子来到了深圳打工。

冯绪泉在打工过程中碰巧遇到了他的同学张建军，因为张建军所在的电脑科技公司嫌他开发设计的电脑键盘、音箱等不够创新，所以他深感工作压力巨大。

冯绪泉听了张建军所说的话，心想，家乡的竹子漫山遍野，如果用竹子做电脑键盘既环保成本又低廉，岂不是更好吗？

凭着敏锐的洞察力，冯绪泉觉得开发竹键盘是一个很有潜力的商机。他想到就开始着手去做，回到家里仔细地研究起来。妻子认为这事行不通，看到冯绪泉如此劳神，多次劝阻他。

可是冯绪泉根本听不进去，花了十几个晚上制作出了一个键盘，可是经过试验却失败了。冯绪泉心里非常难受。

然而，冯绪泉没有因此而退却，“没有退路，才有出路。面对困难，不能打退堂鼓”。几个月后，他决定回家乡专门制作竹键盘。经过九个多月的不懈努力，他终于研制成功了稳固性和坚硬度都能与塑料键盘相媲美的竹键盘。

成本低又环保的竹键盘一上市，立即受到顾客的喜爱，产品甚至畅销国外。

随着竹键盘的畅销，竹鼠标、竹 U 盘，竹子做的电脑主机、显示器外壳等系列产品相继被开发出来。仅仅一年多的时间，冯绪泉个人净资产就达到了 500 多万元。

冯绪泉的故事给我们的人生启示就是：每天都是一个新的起点，

只要你有一点进步，就会有收获。对自己的命运做一个承诺，对这个承诺负责到底，坚信自己能行，那么就一定会获得成功。

人的一生中，每个人都在用力地活着。凭借自己的努力去争取，才有可能改变自己的未来，所以不要轻易地放弃。

生存，拼的就是一个人的坚强。

与其为上天的不公仰天长叹，不如做一条奋力游动的鲨鱼，化短为长，去打造属于自己的强者之路，完成自己的人生跨越。

你看，我们智慧的祖先创造的语言是多么形象而准确：出路，只要走出去才有路！

我们习惯画地为牢，把自己深困其中，人生因此而黯然无光。

我们又不甘于蜷伏在狭小的空间里，向往外面的山高水远、风清日暖，却缺少冲出自设樊笼的勇气：我没有足够的力量打开出去的门，我没有能力迈过那道门槛，我害怕出去的路艰险曲折……最终，我们只能困顿一生无所作为。

年轻的我们，就该激情四射，就该把生活过成我们想要的模样。只要我们马不停蹄、勇往直前，最终就会发现，尽管前路蜿蜒、坎坷，只要义无反顾走下去，终究会在一处拐点看到属于自己的出口！

第四章

扛得住风雨，世界就是你的

不完美，才能显出美

我若不坚强，谁替我撑起未来

生命是一场等价交换

不将就，才会有新的突破

不攀附，做一个刚刚好的自己

生活不会辜负每一个努力的人

不完美，才能显出美

传说，在终南山上生长着一种特殊的植物——快乐藤，任何人得到这种藤之后，都会喜形于色，笑逐颜开，不知道烦恼为何物。

为了获得快乐，曾有一位年轻人不惜跋涉千山万水来到终南山，在历尽千辛万苦的搜寻后，他终于得到了这根藤，但结果并非像传说中的那样——他仍然不快乐。

这天晚上，他在山下的一位老人家里借宿，面对皎洁的月光，不由长吁短叹起来。

他问老人："我已经得到了快乐藤，可为什么仍然不快乐呢？"

老人一听乐了，说："其实快乐藤并非终南山才有，人人心中都能找到。只要你有快乐根，无论走到天涯海角都能够得到快乐。"

老人的话让年轻人耳目一新，他又问："什么是快乐根？"

老人说："心是快乐的根。"

快乐是一种心态，无法用语言表达。只要有好的心态，就会长出快乐的藤蔓，与生命轻盈相拥。

鲍威尔·达尔是一位失去一只眼睛的美国妇女，但是她不愿生活在别人的同情之中。

小时候，她和别的孩子玩游戏时，要牢记地上画的那个记号，才能保证她不在游戏中被淘汰。看书的时候，要把书举到眼睫毛处才能看清。因为她无论做什么都锲而不舍，所以最后获得了哥伦比亚大学的文学硕士学位，并成为学院的新闻与文学教授。

达尔克服了所有的困难走向人生的辉煌顶点，并非单单只靠毅力与信心。她在所著《我想看》一书中写到，为了隐藏眼疾所带给她的恐惧，她选择了快乐的生活态度。

达尔把自己所获得的一切都当作快乐送给她的礼物，所以她从来不抱怨生活，反而积极主动地从自己的残缺中寻找乐趣，这样才使她竭尽全力地生活着，向着自己人生的最高目标行走。

我们很多人都拥有健康的身体，可以做自己喜欢做的事情，可我们是否像达尔那样快乐呢？

其实，快乐就在我们身边，就在琐碎的日常生活中，在每个微不足道的细节里，它不是表象的权势、财富，而是拥有一颗积极、快乐的健康心灵。

在这个世界上，没有什么轻易能够将我们击败，除了我们自己；同样，也没有什么能够使我们不快乐，除了我们自己。

常言道：知足者常乐。而人性中得陇望蜀、不知足的欲望与日俱增，也常常会给人们带来很多烦恼。

有这样一则故事：一位郁郁寡欢的国王，让臣子去找天下最快乐的人，最后臣子找到了一位荷锄而歌的赤脚农夫。

国王询问农夫快乐的秘诀，农夫说："我连鞋子也买不起，我曾悲哀过，可是，当我看见有鞋子却没有脚的人，我就没有理由不快乐了。"

快乐的赤脚农夫，并不是一位学道高深的智者，只是他善于发现和感悟，有知足之心。用比较的方法去理解快乐，突然间，他就看到了生活中的阳光，寻觅到了原本就藏于自己心中的快乐。

快乐犹如云层深处的太阳，犹如尘埃下宝光虚掩的明镜，它始终存在着，当你感受不到的时候，要记得，你的快乐只是被一些生活中的烦恼暂时遮蔽了。

一句简单的话，诠释了我们必须快乐的原因：开心是一天，不开心也是一天，我们为什么要不开心呢？

是啊，摆在我们面前的生活，哭着是过，笑着也是过，那么我们为什么不笑着过呢？

快节奏的生活，常常让我们失去了快乐的能力。取而代之的，是无边的焦虑和不安。而快乐与否，完全取决于我们的心态。

心的世界如果阳光明媚，无论命运如何阴云密布，我们也能张开怀抱笑脸相迎。反之，心的世界如果总是凄风苦雨，即使生活赐你日朗月明，你也只会看到阴影和黑暗！

所以，如果你渴望快乐，就一定先要告诉你的心！

快乐与否，全在心的一念之间。

如果能在变幻无常的生活中，遇到苦难和不如意之时，学会不对抗、不逃避，改变能够改变的，接受不能改变的，那么，人生不管如何跌宕起伏，我们都能活得安心快乐。

不完美，世间的一切才会有无限可能。

我若不坚强，谁替我撑起未来

倘若你拥有一颗积极向上、勇于攀登的心，就能够在人生的困境中寻找到自己的快乐，即使有再大的风浪，也能够扬帆远航。

辛勤的蜜蜂，永远顾不上悲哀。伟大的战士都曾在逆境中磨砺意志，卧薪尝胆，厉兵秣马，最终展现出非凡的人生风采。

19 世纪，英国劳埃德保险公司曾从拍卖市场买下一艘船，这艘船 1894 年下水，在大西洋上曾 138 次遭遇冰山，116 次触礁，13 次起火，207 次被风暴扭断桅杆，然而它从没有沉没过。

劳埃德保险公司基于这艘船不可思议的经历及在保费方面给他们带来的可观收益，最后决定把它从荷兰买回来捐给国家。

使这艘船名扬天下的并不是这家公司，而是因为打输了一场官司而来此散心的一名律师——因为官司的失败，委托人走上了绝路。

尽管这不是他的第一次失败辩护，也不是他遇到的第一例自杀事件，然而，每当遇到这样的事情，他总有一种负罪感。他不知该怎样安慰这些在生意场上遭受了不幸的人。

当他看到这艘经历磨难却不曾沉没的船时，心想，如果让那些人看到这艘船，会不会有所启发而避免不幸的发生呢?

律师把这艘船的历史和照片抄下来挂在他的事务所，每当有官司，他都建议这些人去看看这艘船。

据英国《泰晤士报》报道，截至1987年，已有1230万人次参观过这艘船，仅参观者的留言就有170多本。吸引人们观看的原因不是这艘船的辉煌历史，恰恰是它身上的累累伤痕。

它告诉人们，在大海上航行的船没有不带伤的，而在生活海洋中航行的我们，受到伤害也是极其自然的。重要的不是纠缠于这些不幸，不扩大伤势，而是应该想办法摆脱过去的失败和痛楚，这样才能够以最坚强的姿态搏击风雨。

也许，我们的人生旅途上总是沼泽遍布，荆棘丛生；也许，我们追求的风景总是被云雾遮挡；也许，我们前行的道路总是不见柳暗花明；也许，我们一心追求的理想总是姗姗来迟……但是，在人生的困境中，只要我们不抛弃、不放弃，就一定会有希望存在。

上帝在关上一扇门的同时，如果连窗户也一同关上，那么就为自己凿一个洞口，为自己孤寂的心灵透进一线曙光。

小男孩出生时满身残疾，让每一个人都认为他不可能存活下去，但是他挣扎着活了一天又一天。后来父亲把他带回家，取名叫作约翰。

可是他实在是太小了，身体只有可乐罐子那么大，他对一切都充满了恐惧，父亲鼓励他说："你必须自己面对一切恐惧，勇敢站起来！"

等他到了上学的时候，因为身体的残疾也让他吃尽了苦头。

约翰无法忍受同学们对他的折磨和侮辱，让他想到了死亡，可是他舍不下疼爱他的父母。由于两条畸形腿让他的行动非常不方便，他在17岁那年做了腿部切除手术，成了一个“半个人”。但是相对应的，是行动自由多了。

高中毕业后，约翰想找份工作，可是没有人愿意雇用一个“半个人”。他面对着一次又一次的拒绝，并没有气馁，终于在一家杂货铺找到自己的第一份工作。

后来，约翰经历过各种工作对他的考验，他每天都早早起床，克服身体上的不适，坚持自食其力。尽管生活带给他无尽的艰辛，但是他过得非常开心。

约翰虽然身体残疾，但非常爱好体育运动，他从12岁就开始打轮椅橄榄球。由于他没有双腿，做事全靠双手的力量，使得他的手臂力量惊人。

1994年，约翰成了澳大利亚残疾人网球赛的冠军；2000年，他拿到澳大利亚体育机构的奖学金，并在全国健康举重比赛中排名第二。

一个偶然的演讲机会，开启了约翰人生的全新局面。

在一次午餐会上，他应邀对自己的经历做了简短演讲。很多听众听了他的经历和现状都感动地流下了眼泪，更有一个女孩因此而放弃了轻生的念头。

这让约翰决定走上讲台，讲述自己经历过的恐惧和忧伤，讲出自己的挣扎和拼搏，讲出自己的渴望与梦想！

约翰开始了公众演讲。

在演讲台上，他用粗壮的胳膊支撑着身体，用幽默的语言讲述着自己的经历，让听众一起分享自己的人生体验；那些从他心底涌出来的充满价值、富有哲理的话语，带给听众深深的思索与启迪；他那双炯炯有神的眼睛，几乎能够看到听众心底……

到现在为止，约翰已在100多个国家和地区做了800多场演讲，他用自己的亲身经历，激励和影响了无数听众……

如今的约翰已是澳大利亚家喻户晓的人物。回首往事，约翰说道："这个世界，充满了伤痛和苦难，有的人在烦恼，有的人在哭泣。面对命运，人应当拥抱痛苦、笑对人生，而不只是与之苦斗。任何苦难都必须勇敢面对，如果赢了，则赢了；如果输了，就是输了。一切都有可能，永远都不要说不可能。"

是啊，对于顽强而执着的约翰来说，在这个世界上，还有什么是不可能的呢?

与约翰比起来，我们要幸运太多了——我们有健全的身体，能跑能跳，不会受到随意的欺凌。可是，我们敢说自己的人生比约翰的人生更精彩、更如意吗?

我们总是认为自己遭遇了那么多的不公，认为自己的人生是多么不幸，甚至想到过结束生命，这难道不是对生命的亵渎吗?

有人天真地以为一帆风顺才是美好的人生，遇到一点挫折就感觉天塌地陷、世界末日到了。殊不知芸芸众生，谁的身上不曾烙下伤痕呢？正如海上没有不带伤的船。

生活是看似风平浪静的大海，我们满怀期待地起航，渴望此去一路上顺风顺水，没有狂风暴雨，没有电闪雷鸣。然而，那只是我们美好的想象而已。接踵而来的风起云涌、惊涛骇浪，常常让我们伤痕累累，遍体鳞伤。

如果创伤让你一蹶不振、缴械投降，那你的航船只能搁浅沙滩再也无法扬帆远航。我们要用勇敢的心，积极为自己疗伤，然后重新鸣响起航的汽笛，开始一段新的旅程。所有的伤痕，最终都会愈合成一枚枚勋章，来表彰自己的勇敢和坚强。

而所有的波涛汹涌，都是成全我们的战场。闯过去，我们就成了自己的英雄!

没有不起风浪的大海，没有不遭遇挫折的人生。风雨过后，必定是晴空万里、彩虹满天。历经挫折，生命才会厚重、完满、灿烂。

生命的海洋中，我们要学会坚强，撑起一片属于自己的未来!

生命是一场等价交换

要想成为一只搏击长空的雄鹰，就一定要经受风雨的洗礼。要想成就人生的成功，就得付出汗水与艰辛，甚至伤痛。

有这样一个故事：一天，一个喜欢冒险的男孩爬到父亲养鸡场附近的一座山上去，发现了一个鹰巢。

他从巢里拿出一枚鹰蛋和家里的鸡蛋放在一起孵化，所以孵出来的小鸡里就有了一只小鹰雏。它快快乐乐地和小鸡们在一起生活，从来没有想到自己和它们有什么不同。

可是小鹰在一天天地长大，它经常觉得自己不像一只小鸡。当有一天看到一只老鹰在它的上空盘旋时，它感觉到自己的翅膀充满了一股奇特的力量，内心也被一种激情澎湃着：“我要飞上蓝天，栖息在高高的山崖之上！”

虽然小鹰从来没有飞过，但是它与生俱来的天性和力量，让它展开双翅冲上了高山和云端，那一刻它发现了自己的伟大。

人生所能达到的高度，不会超越人们在心里为自己选定的高度。如果一个人的心里装了一座矮丘，那么他怎么能够成功呢？

如果把自己认定是一只翱翔于长天的雄鹰，就会装下整片天空。调整自己的心态，建立自己的大格局，充分激发和利用所有资源，让自己的每一天都处于一个上升的阶梯，那么遨游天空就绝不会是一个空想。

一位医科大学毕业的优秀眼科医生，因为看不惯医院里个别医生乱收红包的现象，多次举报揭发，因此得罪了很多人而被迫下岗。

为了生计，他只能在街头摆水果摊养家糊口。家里人因为不理解，也常常埋怨他，女朋友也因此离他而去。

他为此感到非常痛苦，不明白自己到底错在哪里，也不理解这个社会怎么会不容纳正直和善良的存在。但是他并没有因此而沉沦，利用业余时间继续行医、学习和研究，并且发表了大量的专业性论文。

有一次，他在互联网上无意中看到美国加州面向全世界招聘各类人才的启事，其中也包括医学人才。于是，他抱着试试看的态度，将自己的个人简历、学历、专业论文等资料发了过去。

意想不到的是，没过多长时间，从大洋彼岸传来了振奋人心的消息：他被录取了，年薪 40 万美元，一个月内前去报到。

在飞机即将起飞的一瞬间，年轻的医生流泪了。他说：“我要感谢那些折磨，是它们换来了我的一切。”

磨难和痛苦，会使人思索。逆境成就人才，逆境是思想之源。战胜了逆境，才能踏上通往成功的路，而在逆境面前退缩，就只会以失败抱憾终生。

面对这些逆境，不同的人有不同的态度，不同的态度带来的是不同的结局。贝多芬失聪却谱出传世不朽的名作；高尔基从未上过学，却成为伟大的文学家。和他们所遭遇的挫折与不幸相比，我们那一点小小的挫折又算得了什么呢？

逆境使我们有机会反复咀嚼生活的酸甜苦辣，了解他人的长处、优势，正视自己的缺点、不足和无知，从而唤醒谦卑、善良的意识，激发克服困难、战胜逆境的勇气和毅力。

一坛令人垂涎的美酒，只有经过长久的陈酿，才会芳香四溢，成为琼浆玉液；一块朴拙的玉石，只有经过无情的雕琢，才会成为完美的艺术品。

那些刻在我们心里的累累伤痕，恰是生命馈赠给我们的珍贵礼物；那些成长中的磕磕绊绊，正是通向成功的一阶阶基石。

有时候，我们不得不承认，这个世界是公平的，人生这个交易市场，摆满了琳琅满目的商品，你只有付出相应的筹码，才能换到心仪的物品。

你想用手中的零碎角币，去换取那些高端奢侈品，只能是自取其辱、败兴而归。反之，当你腰包丰盈，就可以随心所欲挑选自己想要的东西。生命中所有的美好，你都有能力企及。

生命是一场等价交换，你想拥有的更多，就要付出更多的筹码。要知道，我们手中的筹码，都来自每一份困苦、每一次磨砺。你经历痛苦的洗礼越多，你就越富有，你拥有改变命运的资本就越丰厚。

感谢生活中遇到的那些帮助过、折磨过自己的人。

不将就，才会有新的突破

我们每天都在完善自己，但在发展的过程中总会发现自身的不足，有时会因为某些不足而导致我们停滞不前，也就是所谓的“瓶颈”。瓶颈不可怕，正因为它我们才会去思考如何突破自身的局限，从而不断地完善自我。

人往往会自我欣赏，对自己产生满意的感觉，有时甚至会有点扬扬得意。

这本来是无可厚非的事情，但是，这种自恋情结一旦过分了，久而久之就会成为一种惯性，在惯性的瓶颈中时间长了，就会变成惰性。

于是，人就很难使自己获得进步了。

有这样一个故事：德山禅师曾跟随龙潭大师学习，可是日复一日地诵经苦读，让德山有些忍耐不住。

一天，他跑来对师父说："我就是师傅翼下正在孵化的一只小鸡，真希望师傅能从外面尽快地啄破蛋壳，让我早一天脱颖而出啊！"

龙潭大师笑着说："被别人剥开蛋壳而出来的小鸡，没有一个能够活下来的，因为母鸡的羽翼只能提供给小鸡成熟和破壳的环境。你突破不了自我，最后只能胎死腹中，不要指望师傅能给你什么帮助。"

德山听后，满脸迷惑，还想开口说些什么，龙潭大师又说："天不早了，你也该回去休息了。"

德山撩开门帘走出去时，看到外面十分黑暗，就说："师傅，天太黑了。"

龙潭大师便给了他一支点燃的蜡烛，他刚接过来，龙潭大师就把蜡烛吹灭，并对德山说："假如你心头一片黑暗，那么不管什么样的蜡烛也不能够将其照亮。即使我不把它吹灭，说不定哪阵风也会将其吹灭，只有点亮了自己的心灯，天地才会一片光明。"

后来，德山果然青出于蓝，成了一代大师。

不管先天的条件和环境有多么好，假如你不能突破自我，那么，最终梦想和追求就会很容易"胎死腹中"。

迈克是一家大公司的高级主管，他正面临着一个两难的境地。一方面，他非常喜欢自己的工作，也很享受工作带来的丰厚薪水——他稳坐在自己的位置上，工资还会逐年递增。

但是，另一方面，迈克非常讨厌他的上司，经过多年的忍耐，他发觉最近自己已经到了忍无可忍的地步。在经过慎重考虑之后，他决定通过猎头公司重新谋一个其他公司的主管职位。

猎头公司告诉迈克，以他的条件，再找一个类似的职位并不费劲。

回到家中，迈克把这一切告诉了妻子。

他的妻子是一名教师，那天刚好在教学生如何重新界定问题，也就是把你正在面对的问题换一个角度考虑，把问题完全颠倒过来看——这不仅要跟你以往看问题的角度不同，也要和其他人看问题的角度不同。

她把上课的内容告诉了迈克，这给迈克以启发，这时一个大胆的想法在他脑中浮现。

第二天，迈克又来到猎头公司，这次他是请猎头公司替他的上司找工作。不久，他的上司接到了猎头公司打来的电话，请他去别的公司高就。

尽管上司完全不知道这是他的下属和猎头公司共同努力的结果，但正好他对于自己现在的工作也厌倦了，所以没过多久，他就欣然接受了这份工作。

这件事最美妙的地方就在于，上司接受了新的工作，而他的位置就空出来了。迈克申请了这个位置，于是他就坐上了以前他上司的位置。

这个故事十分有趣，迈克的本意是想替自己找个新的工作，从而逃避这个令自己讨厌的上司。但他的妻子教他换一个角度想问题，就是替他的上司而不是他自己找一份新的工作。

结果，迈克不仅仍然干着自己喜欢的工作，还摆脱了令自己烦心的上司，并且得到了意外的升迁。

精彩的人生，需要我们冲破瓶颈，不断去挑战自我。

我们常常卡在生活的瓶颈里，被折磨得痛苦不堪。我们明明知道，只要突破了瓶颈，就会豁然开朗、天高地阔。但是我们常常感觉无计可施，总是找不到突破瓶颈的办法。

其实仔细想想，所有的瓶颈，都是因自己而起。也就是说，卡住自己发展的瓶颈，都是自己亲手堵上去的。解铃还需系铃人，你只要突破了自己，就突破了那个可恶的瓶颈。

如果我们是游弋在岁月之河中的鱼，阻碍我们的瓶颈就是那道龙门——逆流而上跃过龙门，鱼就会变化成龙。

正确地认识自己，摆脱桎梏思维的模式，激活潜在的能力，然后奋力一跃，我们就会惊喜地发现，生命真的抵达了一个全新的高度！

不攀附，做一个刚刚好的自己

在人生舞台上，每个人都饰演着不同的角色，或者是别人故事里的配角，或者是自己故事的主角。但不管怎样，都要把自己的人生角色认真演好，那么，你才是自己的影帝、影后。

我们一直在用炽热的心感受着来自生活的点点滴滴——被英雄事迹感动，为不向生活屈服的人鼓掌。但你是否想过，我们的精彩也需要掌声？

每个人都有软弱的一面，都需要精神上的安慰。所以，在寂静无眠的深夜，永远相信明天升起的太阳会照亮一切，即使无人安慰，也要微笑以对。

碰壁时，我们低下过昂得高高的头；遭遇失败时，我们流下过委屈的泪水；回头张望时，我们竟使自尊受过那么多伤。

人生的道路上充满荆棘，即使再平静的海面也会有波涛汹涌的一天。相信自己，用一颗勇敢的心去面对。为自己喝彩，让自己勇往直前。

一次失败并不代表最后的失败，谁笑到最后都是个未知数。胜利了，我们一笑而过，跌倒了，我们忍痛爬起，然后再继续我们接下来的人生之旅。

或许胜利的旗帜就在前方向我们挥手，或许下一站就是成功，或许明天又是美好的一天。所以，越过眼前的障碍，勇往直前去开拓通往未来的七彩之路。

为自己喝彩，生活将多姿多彩，就像窗外吹来的凉风夹着桂花带来的芳香给人清爽的感觉，沁人心脾。

失败如果让你从此一蹶不振，那就得不偿失了。只要真心努力过，失去何尝不是一种无憾？没有得到想要的，说明我们还有机会得到更好的。为自己喝彩，真心感受生活的每一次感动。

黛玉葬花，是无奈花的凋零，还是怜惜青春的流逝？在人生的路上，我们会见到花开花落，遇到聚散离别。朋友对我们关切问候，甚至一个眼神交错，都会让我们体会到被人在意的感动，于是，生活会因此而平添动力。

但是当我们一人孤苦漂流时，自我喝彩，是对关心我们的人的最好回报，更是对自己的不辜负。

珍惜每一个关心你的人，也学会每一次及时的自我肯定。

有一位作家在童年时家境非常贫寒，父母以卖豆腐维生。

每天一大早天刚蒙蒙亮的时候，他便与弟弟起身沿街卖豆腐。他告诉弟弟说："我们把卖豆腐所赚的钱，拿回家给母亲，帮助家人维持生计。我们给自己的奖励品是你我共享一块豆腐，你一半，我一半。"

那块共享的豆腐，是兄弟俩劳动后换来的回报，是人生中最珍贵的奖赏。一个人只有在付出艰辛的劳动之后，才能够享受到丰收的喜悦。

适当的奖励，使得一切劳动及付出都能被肯定。然而，奖励不一定要由别人来给，自我奖赏其实也一样令人满意，激励自己"百尺竿头，更进一步"。

劳拉是一家公司的部门经理，她说自己有一个老毛病，就是对人太无礼了。比如有一天，她到杂货店买东西，收银员把一个面包放在6听啤酒下面。

劳拉脱口而出："如果你中学物理不是学得那么烂的话，你应该知道6听啤酒的密度比一个面包大。"

事后，劳拉很后悔，她觉得自己的话一定伤害了收银员的自尊心。她痛下决心，要改掉这个毛病。

于是，劳拉时常想着自己的目标——养成善意的说话习惯，做一个不用语言伤害别人的人。如果成功了，就奖励自己一下。

当她想对自己的助理说“琼，你这件衣服与你的身材气质太不适宜了，看上去简直有些滑稽”时，她马上警醒，咽下到了嘴边的话。

思索之后，她采取了既可以清楚表达自己的想法，又不会冒犯琼的说话方式：“嘿！琼，你只要穿一些适合你的衣服，你的美丽外表就会成为一种优势。”

因为这一次成功地克制了自己，她奖赏了自己一块小甜饼。

过了一阵子，劳拉发现她的人际关系得到了极大的改善，在与下属、同事、客户沟通时也更加轻松自在了。这样一来，她的工作效率也得到了很大的提高。

最后，她不用再刻意考虑怎样去说话了，因为此时她的话语已经充满了亲和力。

也许有一些人会这样问：改掉一个坏习惯为什么会这么困难呢？其实，那不过是因为人的思想意识总是处在矛盾中，旧习惯有着无比的诱惑力，使人有种快感，所以它会让人变得难以抗拒。

所以，我们一定要知道：坏习惯并不是与生俱来的，只是在某种机缘巧合的情况下，我们遇上了它们，然后迷上了它们。

而好习惯，也并非遥不可及，只要我们激发自己的目标欲望，让我们改掉一个坏习惯的欲望比坚持它更强烈，这样我们就已经成功了一半。

世界上所有吸引你的事业，总是由你喜欢的和不喜欢的小事情构成，如果你被自己讨厌的小事情卡住了壳，你的最终理想就无法达成。

所以，要接受不喜欢但又必不可少的东西，并把它变成习惯，你就需要给自己设想新的快感——那就是对进步的奖励。

在这里需要提醒的是，奖励要讲究适度原则，一味地为奖励而奖励，也会闹出笑话。

记得面试一家超市促销员的时候，主管让我向大家做一下自我介绍。

当时人很多，除了那家超市几个主管之外，还有数十名前来面试的大学生。他们是我的对手，他们"狠毒"的目光射向了我，仿佛要刺穿我的身体。

我浑身开始发抖，继而低下了头。我想说话，却怎么也吐不出一个字来。下面的人开始窃窃私语，有人开始坏笑了，似乎已开始庆幸自己少了一个对手。

毫无疑问，我身后的主管一定是面露不悦之色，虽然我看不到。我终于断断续续地介绍完了自己，自然是没有掌声了，我或许应该鞠躬，然后礼貌地离去。

一切都结束了，我知道自己是完全失败了。但我忽然觉得自己也是一个成功者，虽然我一定不会被录用，但我还是想在大家面前介绍一下我自己。

我忽然一点儿也不懊丧了，觉得应该为自己能够坚持下来而自豪。不知道为什么，我竟然自己鼓起掌来。

所有人都愣住了，现场一下子静了下来，紧接着雷鸣般的掌声汹涌而来。

之后，我开始介绍我的家乡，那个仅占祖国万分之一面积的小县城，讲了那个县城的历史与现在，风土与人情，辉煌与落寞……

所有人的目光突然变得十分友善，显然是被我真诚的言语描述所吸引。最后，我深深地鞠躬，在掌声中不停地说着谢谢。

其实，结果对我已经不重要了。第二天，当主管打来电话的那一刻，更加令我欣慰的是，自己被录取了。

工作第一天，我在库房里遇到了那个主管。她笑着说："你真的很幽默，竟然自己先为自己鼓掌。我现在才发现，我们的故乡原来有那么多值得骄傲的地方。"

我笑着回答："我们是老乡啊，真是有缘。"

她笑了笑，就忙自己的事情去了。

曾经在一本杂志上看到过这样一段话："人生是一场直播的电视剧，不仅没有彩排，而且收视率极低……"我在心里暗暗地想，既然是这样，那就一定要学会为自己鼓掌，因为只有学会了欣赏自己，才会演绎出更精彩的人生。

做一件事情，你可以高高兴兴、快快乐乐地去做，也可以很痛苦地去做。假如你能够选择快乐，为什么要选择痛苦呢？要知道：快乐是一种选择，痛苦也是一种选择。

做每一件事情，我们都要毫不犹豫地选择快乐，学会选择享受。每当想到做完之后，会有一份奖励在等着自己时，怎么会快乐不起来呢？

如果你善于自我奖励，那么你将沐浴在一种完全积极、胜利的环境之中，可能你身上的衣服、鞋子、眼镜、手表，家里的摆设，用品……任何一件东西背后都有其光辉的意义，那么它们所带给你的作用，不会亚于那些锦旗和奖牌。

每个人都是一道风景，或许平凡，或许美丽。每个人也都喜欢被人奖赏，因为那是一种发自内心真诚的赞美，更是一种由衷的祝福。

一个人懂得了奖赏自己，也就学会了宽容别人。在奖赏自己的同时，也会为别人送去一份至诚的奖励，让他知道，他在自己心目中的位置。

人生的舞台需要掌声，而我们往往是那个为别人喝彩的人。为别人喝彩是一种善良，我们甘愿坐在观众席上，看着别人在镁光灯下演绎精彩，并送上衷心的赞赏和鼓励。

其实我们也需要掌声，我们希望得到别人的肯定和认同，我们更需要一份来自自己的欣赏——为自己喝彩，是看到了自己的进步，给自己一个温情的奖赏。为自己喝彩，是身处困境临危不惧，给自己一个积极的鼓励。

生命需要喝彩，最响亮的喝彩声应该来自自己。你觉得自己很优秀，你终究会真的很优秀。每天为自己喝彩一次，你会慢慢发现，你也是站在舞台中央的主角。

你的优秀，值得别人瞩目，值得别人为你由衷地鼓掌。不攀附，不将就，做一个刚刚好的自己！

生活不会辜负每一个努力的人

我们都知道，一次行动胜过千万遍心动，行动虽然不一定能带来成功，可是没有行动绝对不会成功。

每个人都有自己的梦想、目标和计划。但是，有的人在拥有了梦想后，要么在长期的犹豫中迟迟拿不出实现梦想的具体行动；要么遇到一点困难就打退堂鼓，甚至彻底放弃了自己的梦想。

所以说，心动不如行动。

喊破嗓子不如甩开膀子，再美好的梦想与目标，再完美的计划和方案，倘若不能尽快地在行动中落实，最终只能是纸上谈兵，是一番空想。

有了梦想，就应该迅速有力地实施，坐在原地等待机遇，无异于盼天上掉馅饼。毫不犹豫尽快拿出行动，为梦想的实现创造条件，才是梦想成真的必经之路。

罗马纳 · 巴纽埃洛斯是墨西哥一位已婚的 16 岁小姑娘，在之后的两年当中，她生了两个儿子。

丈夫不久后离家出走，罗马纳只好独自一人苦撑这个家。面对困难，她暗下决心，要谋求一种令她自己以及两个儿子感到体面和自豪的生活。

她用一块普通披巾包起全部家当，跨过里奥兰德河，在得克萨斯州埃尔帕索安顿下来，然后在一家洗衣店工作，一天仅赚可怜的1美元。

但是，她从没忘记自己最初的梦想，她一直想在贫困的阴影中创造一种受人尊敬的体面生活。

于是，口袋里只有7美元的她，带着两个儿子乘公共汽车来到举目无亲的洛杉矶，想寻求一个更好的发展机会。她最开始做洗碗工的工作，后来找到什么活就做什么。

拼命攒钱直到存了400美元后，她和姨母共同买下一家拥有一台烙饼机及一台烙小玉米饼机的店。她与姨母共同制作的玉米饼获得了巨大的成功，陆陆续续开了几家分店。

后来，姨母感觉工作太辛苦而放弃了，这位年轻的妈妈便拥有了所有的股份。不久，她经营的小玉米饼店铺成为美国最大的墨西哥食品批发商，拥有员工300多人。

经济上有了保障之后，这位勇敢的妈妈便将精力转移到提高她美籍墨西哥同胞的地位上。

“我们需要自己的银行。”她想。后来她便和几位朋友在东洛杉矶创建了“泛美国民银行”。这家银行主要是为美籍墨西哥人所居住的社区服务。如今，银行资产已增长到2200多万美元，这位年轻女性的成功确实来之不易。

抱有消极思想的专家们告诉她：“不要做这种事。”他们说：“美籍墨西哥人不能创办自己的银行，你们没有资格创办一家银行，同时永远不会成功。”

“我行，而且一定要成功。”她非常平静而自信地回答。结果她真的就梦想成真了。

她与伙伴们在一个小拖车里创办起自己的银行。可是，到社区销售股票时遇到了麻烦，因为人们对他们毫无信心。

他们问道：“你怎么可能办得起银行呢？”“我们已经努力了十几年，总是失败，你知道吗？墨西哥人没有过银行家呀！”

但是，她始终不放弃自己的梦想，努力不懈。如今，这家银行取得伟大成功的故事已经在东洛杉矶传为佳话，而她则成为了美国第34任财政部长。

有一句经典的话说得好：当失败者休息的时候，成功者在工作；当失败者沉默的时候，成功者在演讲；当失败者说太迟了即将要放弃的时候，成功者已经准备好整装待发了。

我们无数次心潮澎湃想改变不堪的现状，生活却总是原地踏步，没有一点起色。那是因为，我们空有一腔热情，却缺少付诸行动的勇气和信心。

心动是星星之火，这火可以“噼里啪啦”燃烧成燎原之势，也可以悄无声息地灰飞烟灭。而最终的结果，完全取决于我们是否行动了。

行动是助柴火燃烧的东风，孜孜不倦地努力，是为了实现目标而付出的心血和汗水。

但是，我们的行动，也许只是看起来很努力：看起来每天熬夜，却只是拿着手机点了无数个赞；看起来在图书馆坐了一天，却真的只是坐了一天；看起来买了很多书，只不过晒了个朋友圈……那些所谓的行动，是真的实实在在做了，还是，只是做样子而已?

或许，只有自己日后的成绩知道。

我们需要的，是真的行动，真的努力!

临渊羡鱼，不如退而结网。

如果我们的所有想法都能付诸实践，那世界将会更加天翻地覆。若说改变世界离我们太远的话，至少可以看看我们一成不变的生活——从现在开始行动，若干年后，你真的会遇到更好的自己。

第五章

在梦想的道路上匍匐前进

藏在这世间的一切美好

你为什么害怕来不及

当我放过自己的时候

不要让未来的你，讨厌现在的自己

当努力成为一种习惯，你会受益匪浅

藏在这世间的一切美好

鲍勃和杰克在沙漠里迷路了，他们顶着炙热的太阳，在漫无边际的黄沙上踉踉跄跄地往前走。除了每个人身上有一把枪，而且只剩下了一颗子弹，他们什么也没有了：没有水、没有食物、没有交通工具……

他们觉得要活下去，得首先找到水源。

他们已经走了很久，依然没有发现哪怕是一小片绿洲。更可怕的是，他们只是在原地兜圈子——他们以为已经走出了很远，结果却发现又回到了起点。

疲惫不堪的身体和对原地打转的恐惧，让两个人陷入了崩溃的边缘。鲍勃躺在炽热的沙子上哭起来：反正要死在这里，我再也不想向前走一步了。然后他鲍勃拿起枪对着自己的脑袋：我实在受不了了！

杰克一个箭步夺下鲍勃的枪，拥抱着他说：伙计，附近肯定有水源，我们不如分头找吧？我保证，我们一定会找到水源，走出这片可恶的沙漠！

在杰克的鼓励下，鲍勃强打精神爬起来。他们商量好，两个人向不同的方向走，如果谁发现了水源，就鸣枪通知对方。

然后，两个人背对背出发了。

鲍勃挣扎着走了很久，结果，他又回到了原地。他腿一软就坐在了地上，欲哭无泪。

杰克一直向前走，疲劳和干渴几乎把他击倒，他每抬起腿向前迈一步都感觉特别艰难。他告诉自己：绿洲就在前方，每走一步，就离水源近一步。后来，杰克跌倒在地，他已经没有力气站起来了，就拼命向前爬。

恍恍惚惚中，杰克眼前出现了一小片绿洲。

杰克以为自己出现了幻觉，他揉了揉眼睛，那片绿洲依然在前方。他咬咬牙，挣扎着站起来，向绿洲连滚带爬奔去。杰克喝了几口水后，拿出枪，准备通知鲍勃自己找到了水源。

正在这时，远处传来了一声枪响。杰克一愣，立刻顺着枪声的方向找去。没走多远，杰克发现了鲍勃。鲍勃躺在血泊中，他用最后一颗子弹结束了自己的生命。

现实中，我们也都会遇到绝望的时刻，但只要心怀希望，告诉自己一定能绝处逢生，那我们肯定能走出绝望的沙漠。反之，如果我们放弃希望，就会倒在离绿洲不远的地方。

当置身于大沙漠中，你会绝望地放弃努力，还是心中永远抱有坚定的信念——相信不远的前方会出现一片救命的绿洲呢？

一个智慧的人会毫不犹豫地选择后者。

因为，当我们心怀“绿洲”时，自己便会在不知不觉中向目标一步步地迈进，总有一刻会到达目的地。比起不知何时才会终止的等待，我们每个人都应该利用更多时间去努力奋斗，因为希望永远都是在坚持之后出现。

有的人因为看到了机会，才决定是否要努力。而在机会到来之前，他只是在等待——就像守株待兔一样，他守着木桩，等待着下一只傻兔子撞过来。因为他不知道机会何时才会来，担心会白费功夫，也不想多费功夫，就选择以逸待劳。

他以为这样做是在以最少的付出换取最大的利益，其实错了，当机会真的来到他眼前的时候，习惯了闲散等待的他，真的能够迅速抓住机会吗？恐怕很难，因为他的心里依然麻木，最后的结局不仅浪费了时间，也会错过机会。

有的人在机会还没来的时候，就已经在努力了。

他的努力不是为了等待机会的到来，而是要用自己的努力创造机会。因为一直在努力，时刻保持警惕，才能在机会来到的时候抢在别人之前抓住它。

所有的辛苦，都会在抓住机会之后得到回报，这是机会对懂得坚持的人最大的奖赏。

希望也是如此，即便自己已经身处绝境，也不要想着下一秒会有奇迹发生，而是积极主动想办法去创造奇迹。

希望就在转角处，只有继续往下走才能看到，停在原地等着神仙指路的人永远都看不到。

希望就在坚持之后，不要以为耐心等待就会有希望，不断开创、奋进的人才能看到希望，在黑暗中找到光明。

的确，希望就是力量。

在很多情形下，希望的力量远比知识的力量更强大，因为只有在有希望的背景下，知识才能够被更好地利用。

一个人，即使他一无所有，只要他有希望，他就可能拥有一切。而一个人即使拥有许多，却不再抱有希望，那他就很有可能丧失自己已经拥有的一切。

有一天，乔·吉拉德应聘到一家汽车销售公司做汽车推销员，老板给了他一个月的试用期，一个月内如果他能推销出去汽车，就留用；如果不能，就被辞退。

此后，乔·吉拉德便辛苦奔波，但一个月快过去了，却一辆汽车也没有推销出去。

第30天的晚上，老板打算收回乔·吉拉德的车钥匙，并告诉他明天不用再来了。

但乔·吉拉德却十分倔强地说：“现在还没有到晚上12点，所以今天还没有结束，我还有机会！”

接着，乔·吉拉德就把汽车停在路边，坐在汽车里，等待着奇迹的发生。快到午夜的时候，有人轻叩车门，是一位卖锅的人，身上挂满了锅，向乔·吉拉德推销锅。

乔·吉拉德请这位卖锅人上车来取暖，并十分热情地递上了热咖啡，两个人开始聊了起来。乔·吉拉德问：“如果我买了你的锅，接下来你会怎么做呢？”

卖锅者说：“继续赶路，卖下一个。”接着，吉拉德又问：“全部卖完了以后呢？”卖锅者说：“回家再背几十口锅出来卖。”

吉拉德继续问：“倘若你想使自己的锅越卖越多，越卖越远，你怎么办？”

卖锅者说：“那我就得考虑买部车，不过现在我买不起。”

他们两个人就这样聊着，越聊越开心，快到午夜12点的时候，卖锅者在乔·吉拉德这订下了一辆汽车，提货时间是5个月以后，留下的订金是一口锅的钱。

因为有了这份订单，老板留下了乔·吉拉德。

从那以后，乔·吉拉德继续努力推销，业绩不断增长。15年里，乔·吉拉德卖出了1万多辆汽车，创造了销售史上的奇迹。

有的人之所以能够获得成功，就是因为即使面对极其渺茫的希望，不到最后一刻，他也不会放手。只有死死地抓住希望不放，才能在坚持中赢来奇迹的出现。

人生的旅程中，谁又怎能保证不会踏入一片浩瀚无垠的沙漠呢？我们现在头顶烈日，脚踩炽热的沙粒，忍受干渴和饥饿的折磨，就是想尽快穿越这片不毛之地，迎来属于自己的柳暗花明。

然而，那个美好的地方，好像海市蜃楼般遥不可及。而劈头盖脸而来的风沙，几乎要毁灭我们继续前进的信念。

此时，千万别停下跋涉的脚步。我们要心怀希望，相信不远处一定有片绿洲，那里清泉映月，生机无限。

沙漠中的绿洲，就是前进中的希望。希望是引爆生命潜能的导火索，是激发生命激情的催化剂，是鼓励我们坚持走下去的最大动力。

在沙漠中，只要执着地向前走，一定会遇到那个传说中的月牙泉。如此，你才会发现这世间的一切都是美好的！

你为什么害怕来不及

生命的辉煌是拼出来的，不是等出来的。

我们每个人都有自己的梦想，因为人人都有对美好的渴望。但是，一旦有了美好的愿望就万事大吉了吗?

不是的，一个人光有梦想是远远不够的，要将美梦变成现实需要我们为之付出艰辛的努力。倘若只是一味的空想，那么你的人生将会一事无成。因为，人生没有等出来的辉煌。

所以，一旦有了一个明确的奋斗目标，请你不要再犹豫，一定要立即行动。

当年的刘玉芬，出生在甘肃和青海交界处一个叫民和的闭塞的小县城，父亲在一家小工厂上班，母亲没有工作。要改变自己的命运，唯一的途径就是考大学。

可命运偏偏和这个女孩子开了个玩笑——高考时，成绩一向优异的她却不幸以几分之差落榜。更意想不到的是，就在这一年，她父亲也下了岗。

刘玉芬决定放弃复读，到兰州一家成人技校接受培训。

1999 年从技校毕业后，经推荐，刘玉芬去了上海一家台商办的手袋厂。她在技校学的是美术设计专业，没想到，最后只做了一份在工厂没人愿意干的“胶水工”工作。

在闷热的车间里，刘玉芬沾满胶水和皮屑的工作服常常紧贴在身上，让她透不过气来，但她从不喊苦。

很快，刘玉芬被推荐到销售部做了业务员。她十分珍惜这个机会，一边大量阅读有关书籍，一边了解手袋的市场销售情况。

有一天，刘玉芬得到消息，本市一家公司要订做一批高级手袋送给高端客户，她马上赶了过去。可是，她还没有说完自己的来意，那家公司的经理就非常粗暴地把她“轰”了出去。

下午，刘玉芬又来到这家公司的门口，再次被拒绝。

刘玉芬忍辱负重地在销售部打拼了半年，脸晒黑了，人也瘦了一圈，虽然也签了一些订单，但经公司东扣西扣，竟没挣到什么钱。

她似乎明白了一个道理：给人打工永远不会有大出息，得想法干自己的事业！

2000 年 4 月的一天，刘玉芬陪一位朋友买电脑，回来时发现对方少给了一个鼠标垫。待到返回索要时，却听到几位顾客正在抱怨鼠标垫做工粗糙，花样单一：“为什么不进一些样式好看点的鼠标垫呢？又花不了多少钱。”

说者无意，听者有心。

刘玉芬马上把整个电脑城的各种鼠标垫各买了一个。回去后她反复对比后发现，这些鼠标垫大同小异，都是深灰色系；材质也很一般，都是在胶皮上加了一层布纹。

刘玉芬在工厂做过“胶水工”，知道做这种鼠标垫不仅工艺简单，而且成本只有两元钱左右。此时，一个想法在她脑海里蹦了出来：自己何不设计个性鼠标垫来卖？

随即，学过平面设计的刘玉芬先在电脑上绘制了两幅个性鼠标垫的效果图，一个底面为金黄色，中间摆着一个诱人的大苹果；另一个是法国最新流行的一对“接吻鱼”，两条鱼“亲吻”时吐出的泡泡正好形成了一个红色的 LOVE 图案。

当她把这两个图案拿到电脑城时，一个业务员连声叫好：这种鼠标垫太时尚了，你联系厂家生产吧，我先订 1000 个。

刘玉芬马上在网站上发布了自己要生产、销售个性鼠标垫的帖子。没想到，不到两天就有 30 多人打电话来咨询。

第四天，上海浦东一家公司，要求刘玉芬为他们生产 1 万个这种设计独特、个性新颖的鼠标垫，但强调要先看样品，才能正式签协议。

为接下这份订单，刘玉芬连续找了几家加工厂，最后花高价生产了一些样品。当她带着鼠标垫样品给客户看时，对方非常满意，当场就和她签订了协议，并约定 10 天后交货。

就这样，她竟然在短短 10 天内净赚了两万多元！抚摸着这两沓厚厚的百元大钞，刘玉芬喜极而泣——老父亲上班三年的工资也不及这个数啊！

当晚刘玉芬打电话把喜讯告诉父母时，妈妈一遍又一遍地问：“这是真的吗？怎么能一下子挣这么多钱？”

淘到人生的第一桶金后，刘玉芬更加坚信个性鼠标垫会有很大的市场前景。

不久后，电脑城的那位业务员打来电话，惊喜地告诉她：“你供的那批货太畅销了，几天就被抢购一空。快过来，咱们谈谈下批货的事。”

这次对方的订货量是上次的15倍，再加上其他用户，总共订了三万多个鼠标垫。

见刘玉芬又送来这么一份大订单，橡胶厂的老板也对这个“外来妹”刮目相看了。这次他不仅态度热情，活儿也干得相当漂亮、认真。

那时，由于人们对鼠标垫的生产不看好，认为它利润少，国内只有十几家生产鼠标垫的工厂，而且多是“大路货”，做工粗糙，样式呆板陈旧。

“个性”和“时尚”给刘玉芬提供了一个难得的发展机会，仅仅一年半时间，她就注册成立了一家属于自己的设计与生产公司。

由此可见，成功不是等出来的，而是自己去争取，通过奋斗得来的。年轻的刘玉芬在面对困境时，依然为自己的梦想努力奋斗，终于赢来了一个美好的未来。

每个人，都有一个梦想的殿堂。

生命最好的状态，应该就是抵达自己内心向往的殿堂吧——梦想着能功成名就，受到万人敬仰；或许只是可以随心所欲选择自己喜欢的生活方式，拥有自己向往的美好。

然而，梦想总在遥远的地方探头探脑地诱惑着我们。梦想是傲娇的，它绝对不会主动向我们抛来示好的橄榄枝，它只钟情于那些不忘初心、不畏前行的人！

一切都还来得及——勇敢地向梦想之路跋涉吧。在跋涉的途中，除了需要足够的勇气和信心，更需要一双聪慧敏锐、善于捕捉机会的眼睛——因为梦想永远不会主动靠近原地等待的人。

当我放过自己的时候

有时候，遭遇失败不是因为我们不够努力，而是思维模式禁锢了我们发展的方向。只要先让思维跳出惯性模式，然后另辟蹊径，就会轻松到达成功的彼岸。

有这样一个故事：在非洲大陆，夏日常常枯旱。

一群饥渴的鳄鱼，身陷在快要干涸的水塘里。强壮的鳄鱼开始追捕弱小的同类，一幕幕弱肉强食的画面正在上演着。

这时，一只瘦弱的小鳄鱼十分勇敢地离开了即将干涸的池塘，迈向未知的远方。

池塘里的水越来越少，强壮的鳄鱼吃掉了不少同类，剩下的鳄鱼看来也是在劫难逃了。这时，仍不见其他鳄鱼离开池塘。在它们看来，栖身在浑水中等待被吃掉的命运，似乎总好于去未知的水源探寻的命运。

池塘的水终于干了。唯一剩下的那条大鳄鱼也难耐饥渴，以至于死去了。

然而，那只勇敢的小鳄鱼，在经过长途跋涉后，幸运地找到了一处水草丰美的绿洲。

其实，人生旅途又何尝不是如此呢？守旧无异于等死，改变观念去往新的环境，便能够获得新生。陈旧的观念犹如濒临干涸的水塘，而新的观念则是充满希望的田野。

在日常生活中，有些人总是保持旧思维，坚守老观念，不去主动接受新事物，因此在失败时，他们不检讨自己不懂得把握，却常常抱怨生不逢时。

其实，这是思维上的惰性，是固定的思维把你套牢了。要想改变现状，只有创新求变，摒弃因循守旧，才能够获得人生的成功。

我们常常会遇到难以解决的问题，有的人会选择放弃，有的人会选择不达目的不罢休，而有的人会改变思路，寻找解决问题的新方法。

毫无疑问，最后一种人是最有可能解决问题的，并会取得巨大收获。

遇到难以解决的问题，与其死盯住不放，不如把问题转换一下，化难为易，从而达到解决问题的目的。

聪明人可以把复杂的问题简单化，愚蠢的人可以把简单的问题复杂化。

事实上，解决复杂问题时能够化繁为简，就体现了一种新的视角。很多时候，把自己生疏的问题转换成熟悉的问题，开启另一种视角，就会产生一条新思路。

亚伯特是美国一位著名的演说家及作家，每天都要乘飞机或者坐火车到世界各地去采访、演讲。

有一次，亚伯特应邀去日本演讲，搭乘大阪开往东京的新干线。在快到新横滨时，电车由于铁路的转辙器故障，被迫停驶。

车长在车内广播：“各位旅客，对不起，由于铁路临时发生故障，电车估计需暂停30分钟左右，请各位旅客稍候，谢谢配合！”

亚伯特是个急性子的人，这时候开始有些烦躁不安了。电车停驶30分钟，这对于一个注重效率，时间又十分宝贵的人来说无疑是一个十分重大的损失。

30分钟过去了，可是电车一点发动的迹象都没有。亚伯特愈来愈焦躁不安，这时车内再度响起了广播：“很抱歉，请各位旅客再稍候一会儿。”

亚伯特心想，故障修理大概很费工夫吧，还不能预期它什么时候会修好。

就在这一瞬间，亚伯特改变了惯有的想法，他心想：焦躁也无济于事，不如找些别的事做。

在亚伯特看完手边的杂志和书后，就去拿备置的《时事周刊》开始阅读。车内的乘客，大概有很多是有急事的人，他们焦躁地到处走动，向车长询问情况。

电车由原先预定延迟30分钟，变成一小时、两小时，最后延迟了三个小时。而亚伯特在抵达东京的时候，几乎看完了那本报道美国前总统卡特全貌的《时事周刊》。

亚伯特后来回忆这次特别的经历时说：“倘若电车依照时间准时到达东京，或许我就无法获得有关卡特总统的详细知识。而且，假如我又没有从容的心态，没有客观地去包容现实中发生的事，转变思想，那这三个小时里，除了焦躁不安，不断抽烟外，就没有什么事可做了。”

每个人都会遇上使自己烦恼的事情，遇上的时候，只要像亚伯特一样稍微改变一下思维，就可以将种种烦恼、困苦变为快乐。只要稍微用点心思转换一下思维，当下体悟通达，在遇事时转变心念，就自然而然能够转愚为悟。

“假如你讨厌一个人，那么，你就应该试着去爱他。”善于改变自己的思维，不按照常理去想问题，就能够取得非同一般的成效。

这就是说，换一种思维方式，就能够化解问题。只要肯动脑，垃圾也可能会变为黄金。

每个人最大的敌人就是自己——是自己的思维，是自己的思维定式，这会导致很多发展机会的流失。

其实，改变这种思维定式也不需要你做出多大的牺牲，只是从生活习惯和工作习惯的小事入手，一点点改变就可以。

北美洲有一个久负盛名的金矿，每年都吸引着全世界数以万计的淘金者前来。

由于大量的采挖，黄金的储量逐年减少，而且要抵达金矿，必须渡过一条水流湍急的大河。即便如此，在黄金的诱惑下，每天仍会有数千人在水面上挣扎。

其中有一个淘金者——巴里特经历了无数次的失败，但是他从来都没有放弃过。一日，他望着滚滚的江水，忽然突发奇想：“既然有这么多淘金者急于过河，我何不搞个轮渡，接送他们？”

于是，巴里特很快购买了一艘轮渡，专门用来接送每天数以千计的人群，并在轮渡上做起了外卖，使淘金者远离了河水的威胁，也不用再去啃冰冷的干粮。

最后，这位头脑灵活的巴里特成了当地最富有的人之一。

在淘金者的眼中，他们所看到的只有眼前的金矿，当然不会计较区区几美金的摆渡钱，所以摆渡人巴里特的生意很快就红火起来。

但是，又有多少人会想起来去做渡船的工作呢？很多淘金者一定都是空手而归，又有多少人能够在失败的境地里改变方向，转换思维呢？

所以，那些头脑灵活的人取得了巨大的成功。

生活中，我们经常会看到有很多人一方面抱怨人生的路越走越窄，没有成功的希望；另一方面又不思改变、因循守旧，习惯在老路上继续走下去。这些都是错误的思维方式。

实际上，当我们遭遇失败时，未必非要做无谓的坚持，调整一下目标，改换一下思路，这样往往会豁然开朗，柳暗花明。

也就是说，当不幸降临的时候，并不是路已经到了尽头，而是在提醒我们：该换个思维思考问题了。

也许，连我们自己也不曾意识到，那些失败背后，往往藏着一堵堵思维的墙，阻碍着我们，把我们与美好的生活隔开了。

我们习惯穿旧鞋走老路，天长日久，思维就形成了固定的模式，从而让我们故步自封、原地徘徊，而很难取得新的进展，生命也就呈现出“安稳”的假象。

拆掉禁锢我们的墙，让思维从呆板的模式中跳跃出来，就会取得意想不到的成功、快乐、自信和幸福！

把思维解放出来，不盲目从众，敢于高瞻远瞩、逆向而行。

即使深处困局，也要让思维的脉络向着积极的方向蔓延，让思维像汩汩的泉眼，不断涌出别致美妙的灵感，然后再顺势而为，努力开辟一片新的天地。

当你放过自己的时候，才会发现这不完美的世界，才会去精进自己，成为一个厉害的人！

不要让未来的你，讨厌现在的自己

明天过得好不好，取决于你今天怎样过。

你付出怎样的努力，才配实现怎样的梦想。

你今天竭尽全力，明天自然会毫不费力。

老天对每个人的付出与回报都用了同等的计算方式，都是多劳多得，没有想象中的不劳而获。

人生最重要的并不是努力，而是方向。

即便现在困难重重，但仍有人能顽强地挺过去，至少把当下做好。因为支撑他们的是自己的选择：自己错不了，自己选的方向错不了，自己选的人生错不了。

拥有现在不代表拥有未来，放弃现在却是放弃未来。真正点亮生命的不是明天的风景，而是现在的希望。

我们怀着美好的希望，勇敢地走自己的路，跌倒了再爬起，失败了就再努力。永远相信明天会更好，永远相信不管自己如何平凡，都会拥有属于自己的幸福，这才是平凡人生中最灿烂的风景。

当你真正做到这一点时，成功便会离你越来越近。

为了明天，请更加努力地奋斗，千万不要让未来的你，讨厌现在追求稳定的自己。

威尔逊是位普通的律师。他刚踏进社会的时候，在纽约一家贸易信托公司里当小职员。后来他移居到俄克拉何马州，进入谢尔石油公司工作。

没过多久，经济危机发生了。

威尔逊和许多职员都被解雇了，他受过的训练和经验有限，找到心仪的工作并不容易。

他只好接受了他所能从事的唯一工作。这份工作是在石油管理工程项目中挖壕沟，待遇非常低，每小时只有 4 美元。

他的后半段故事是这样的：后来威尔逊被谢尔石油公司重新雇用，他的工作是在会计部门办理有关投资的文书。但是他对于会计工作一窍不通，唯一的办法就是努力学习。

威尔逊认为自己做过的最聪明的事，就是到俄克拉何马法律会计学校的夜间部会计科上课。

他三年的学习没有白费，后来老板给他加了薪。

于是他马上进入杜尔沙大学夜间的法律系上课，四年内修完了全部课程，得到了学位，并且通过律师鉴定考试而成为一名合格的执业律师。

这个时候，威尔逊仍然不满足，研究了高等会计三年以后，又学了一项公共演讲课程。不断的学习使他的薪水越来越高，他已经不是过去的他了，而是一名成功人士。

我们往往把失败归咎于自身的缺憾，其实，缺憾可以用智慧来弥补。

现实中，总有一把梯子可以帮助你，只要找到它，你就能够登上成功的高峰。当理想与现实面对面时，我们总是十分痛苦的，要么你被痛苦击倒，要么你把痛苦踩在脚下。总之，能把握现在，无惧未来的人永远不会被击倒。

人，最大的敌人不是别人，而是自己。

打败别人，赢得第一，那不是最重要的。最重要的是，在岁月的河流中，我们是否会不断地邂逅更好的自己。

生命是个有限的时间段，由过去、现在、未来三部分组成。很多时候，我们总是懊恼不已：如果当初稍微努力一下，现在的自己根本不会是这个样子，未来肯定会更加美好！

人生没有回程车，我们无法穿越到过去让一切重新再来。让人欣慰的是，年轻的我们，还有很多重新开始的机会。

从决定重现开始那一刻起，过去的你无论有多么不堪，都跟现在的你没关系了。

现在的你，只能决定未来的你。

现在的你如果勤奋而努力，你肯定会越来越优秀，最终脱颖而出，成长为你能想到的最好的模样。反之，现在的你如果庸碌无为，将来的你肯定依然黯然无光。

要让未来的你，对现在的你充满感激：感谢当年的自己是如此努力，才让我遇到了如此美好的自己！

当努力成为一种习惯，你会受益匪浅

生命的旅途中，谁没有一败涂地的时刻？如今叱咤风云的人，当年也曾是失败所打不死的“小强”，最终一步步走下去才会功成名就。而那些不堪一击的人，至今仍然庸碌无为。

在这个世界上，每个人都有自己的梦想，都会在实现理想的旅途中遇到各种各样的困难与不幸。当被这些困难和不幸暂时打败的时候，你会做何选择？

倒地不起，认输？还是站起来重新战斗？

一个有远见而且意志坚强的人，永远只会迎着挫折前进，眼前的失败对于他来说，仅仅是暂时的，当再次爬起的时候，就是走向成功的时候。

所以，我们不应该被一点点困难所打倒，从而失去继续奋斗的勇气。

一个人在任何情况下都能勇敢地面对人生，无论遭遇什么，依然保持生活的勇气，保持不屈的奋斗精神，做到这些的话，你就是生活中的强者，一个真正刚强的人。

相反，有些人在遭遇失恋、失学、疾病，或工作中的挫折、失败，以及其他生活中的不幸事件打击时，很容易就会一蹶不振，精神崩溃，自怨自艾，无法自拔，原因之一就在于他们缺乏敢同命运做斗争的刚毅性格。

其实，刚毅的性格和懦弱的性格之间并没有千里鸿沟，刚毅的人不是没有软弱的一面，但是他们已经习惯于不以软弱示人，而是不断训练和强化自己，让每一次困难到来时，都能无惧面对，终于百炼成钢，愈战愈强。

一位西方作家说："人生就是一场含辛茹苦的过程。"中国古人则指出："天将降大任于斯人也，必先苦其心志，劳其筋骨，饿其体肤，空乏其身，行拂乱其所为。"

他还是小孩时，相貌丑陋，还患有严重的口吃。

因为身患疾病，他左脸局部麻痹，但他对别的孩子停落在他脸上的鄙夷目光并没有多少感觉；他嘴角畸形，所以面对别人的闲言碎语无力回击；他一只耳朵失聪，因此听不进别的孩子的奚落和起哄。

他也自卑过，心像一只脆弱的蛹。但他更有奋发图强的决心：他要自己"咬破"那厚重的、令人窒息的"茧"！

别的孩子在玩具堆中度过快乐的童年时光，他却在茫茫书海中找到颠簸前行的舟；别的孩子吃着香甜的零食，他却把书读得津津有味；别的孩子疏远他，他就在书籍中与智者促膝长谈。

为了矫正口吃，他嘴里含着小石子练习讲话，他要证明：柔软的舌头比石子和口吃的顽疾更坚韧！

母亲看到他的嘴巴和舌头被石子磨烂，流着泪抱紧他：“不要练了，妈妈一辈子陪着你。”

他拭去母亲眼角的眼泪，平静地说：“我要做一只美丽的蝴蝶。”

他中学时以优异的成绩毕业，赢得周围人的敬佩和尊重。

母亲为他找到一份不错的工作，并安慰他：“希望你能像其他人一样平安地度过一生”。

但他拒绝了，语调铿锵地对母亲说：“妈妈，我要做一只美丽的蝴蝶。”

他挣脱了束缚他的茧，并在事业上颇有建树。

1993年，他参加总理竞选，对手居心叵测地利用电视广告夸张他的脸部缺陷，对他进行侮辱和攻击。

他用讲话时总是歪向一边的嘴巴郑重承诺：“我要带领国家和人民成为一只美丽的蝴蝶。”

后来，这句竞选口号成为人们广为传诵的名言。

他就是加拿大第一位连任两届、被人们亲切地称为“蝴蝶总理”的让·克雷蒂安。

美国心理学家詹姆斯曾这样解释人的潜力：才能和先天限制。我认为应该在后面再加上“努力”二字。只有努力去冲破束缚和阻碍，你才能最大限度地发挥潜力，成为真正的强者。

让·克雷蒂安就是这样释放最大潜能的强者。

挣破茧的束缚的蝴蝶是美丽的，让·克雷蒂安冲破了疾病、嘲讽和攻击，最终放飞了生命中最美丽的“蝴蝶”。

其实，命途多舛，我们经常被围困在命运之茧中：出身卑微，一文不名，遭遇苦难，屡战屡败……面对层层的束缚、捆绑，我们该怎么办?

如果甘愿束手就擒，那么我们的人生只能陷入黑暗之中，永远看不到黎明的曙光。

我们不能向多舛的命运缴械投降、俯首称臣，我们要破茧成蝶。

在脱胎换骨的蜕变中，我们会遭遇到很多意想不到的打击——我们可以流血流汗，可以伤痕累累，甚至可以一败涂地，但是，绝不能轻言放弃。

只要我们越挫越勇，我们终究会咬破命运的茧，抖抖美丽的翅膀，飞向鲜花的海洋。

当努力成为一种好习惯，一切都变得皆有可能!

第六章

按自己的意愿过好这一生

自己想要的生活永远不在别人口中

精进自己，才能成就最好的自己

别把生命浪费在美好的事物上

一切都是最好的安排

自己想要的生活永远不在别人口中

做真正的自己，是认定了努力方向就心无旁骛，不被别人左右。做真正的自己，更是要自己足够强大，不需要附和别人，只需顺应自己的内心，面对最真实的自己。

林芳来公司有一段时间了，由于努力，她在工作中表现得十分突出，而且她性格活泼开朗，所以，她备受客户的喜欢。

这天午休的时候，同部门的李丽约林芳出去走走。

在办公室外面的花园里，李丽边走边说："林芳啊，跟你说个事情，但是我说完之后你可不许生气哦。"

林芳说："没事，你说吧，我不会生气的。"

李丽听林芳这么说，继续说道："好姐妹才劝你的哦，因为拉业务，你对外面的人活跃点没有什么，对公司内部的人我看就没有必要这样做了。"

"为什么这么说呢？"林芳问道。

"公司很多人都说你'皮笑肉不笑'的，说你特假。我觉得他们这么说对你实在太不公平了，简直就是嫉妒。我当你是好姐妹才告诉你的，可别说是我说的啊！"

听李丽说完之后，林芳脸色都变了，她沉默了一会儿说："没事的，李丽，你别想得太多了，我知道该怎么做。”

之后，林芳再也不在公司笑了，一个月之后，她向公司递交了辞职信。

林芳的工作表现不是挺不错的吗？怎么不仅不在公司笑了，而且还向公司递交了辞呈呢？

问题就出在李丽身上，那天她告诉林芳说，她活跃的表现被公司其他同事认为是“皮笑肉不笑”。

林芳听后备受打击，因为她的性格就是这样，笑并不是装出来的，现在竟然被同事说成了“外交”能力！

公司的人都这么说，在林芳看来就是嫉妒自己的能力。十分伤心的林芳不再笑了，而且在一个月之后离开了公司。

林芳辞职后，公司里最高兴的就是李丽了。实际上是她嫉妒林芳的工作能力强，同事关系也处理得好，而她自己却越来越不被重视，便心生怨恨，想出这个招数来赶林芳走。

故事中的林芳真的很傻，工作本来就是做好自己的事，创造出自身的价值，实现个人奋斗的意义。然而，在这个世界上，只要有人的地方就会有各种各样的矛盾——即使面对同一个问题，也会有很多不同的看法，作为一个成熟的人，又何必太在意别人的眼光呢？

林芳太在意别人的流言蜚语了，所以，她的辞职只会让一些别有用心之人高兴，而自己却失去了一个发挥能力的大好平台。最终，受到伤害的人还是自己。

其实，你完全可以表现得洒脱一点，为什么要在意别人的眼光呢？当你无视别人的指指点点和闲言碎语，幸福与喜悦便会由自己掌握；而一旦在意的目光投向他人，你便永远失去了快乐的主动权。

当一个人有了独立的人格，勇敢地只做自己时，他便具有了发现自己优势的可能。

具有独立性格的人，一般都不会活在他人的眼光中，不会太在意他人的批评，他们只是沿着自己预先铺设好的轨道一步步地前进，他们只是为了让生活更精彩而活着。

只有这样的人，才能成为命运的主人，只有这样的人，才能拥有快乐而充实的人生。

行走在人生的大道上，你可以听取别人的意见，接受别人的帮助，但是你一定要记住的一点便是：自己才是命运的主角，人要为自己而活着，绝不能人云亦云，盲目地苟同他人。

尽自己最大的努力做好应该做的事情，这个时候，你才会不在乎他人怎么评价你。好光阴，绝不存在于别人的眼中和口中，而是实实在在握在自己手中。它绝不会因别人的夸大、杜撰而灿烂；也不会因为有人恶意诋毁而暗淡。

每个人都可以选择自己喜欢的生活，做自己喜欢的事情。

生命是短暂的，为了不让自己觉得遗憾，做一个独特的自己就显得非常重要。大可不必过分在乎别人的指指点点，参考他人意见与迷失自我切不可混为一谈。

世界是多姿多彩的，每个人正是因为自己的独特而显得与众不同。当你能够抛下别人的眼光、勇敢地活出自我风采时，你便是这个世界最幸福的人，也是最成功的人。因为你超越了他人，无愧于自己，因为你活得更真实、更坦荡。

英国剑桥郡的世界第一位女性打击乐独奏家伊芙琳·格兰妮曾经这样说道："从一开始我就决定：一定不要让其他人的观点阻挡我成为一名音乐家的热情。"

格兰妮成长在苏格兰东北部的一个农场，很小的时候就开始学习钢琴。随着年龄的增长，她对音乐的热情与日俱增。

但不幸的是，她的听力在渐渐地下降。医生断定这是由于难以康复的神经损伤造成的，而且断定：到 12 岁，她将彻底耳聋。

可是，格兰妮对音乐的热爱却从未停止过。

格兰妮梦想自己能够成为打击乐独奏家，虽然当时并没有这样一位音乐家。为了演奏，她学会了用不同的方法"聆听"其他人演奏的音乐。演奏时，她只穿着长袜，这样她便能够通过她的身体和想象感觉到每个音符的振动，她几乎用她所有的感官来感受着整个声音的世界。

随后，格兰妮为了心中的梦想，于是向伦敦著名的皇家音乐学院提出了申请。此前，从来没有一位有听力障碍的学生提出过这项申请，所以一些老师反对接受她入学。

但是接下来她的演奏感动了所有老师，于是，她顺利地入了学，并在毕业时荣获学院的最高荣誉奖。从此以后，格兰妮就致力成为世界第一位专业的打击乐独奏家，并且为打击乐独奏谱写和改编了很多乐章。

至今，格兰妮成为独奏家已经有十几年的时间了，因为她很早就下定了决心，不会仅仅因为医生的诊断而放弃追求，所以她的热情和信心从未受到影响。

你的路在自己的脚下，也在自己的心中。倘若一味地在意别人的看法、说法，那么最后势必会影响你的出路，使你无法实现自己最初设立的目标。只有坚定地走自己的路，不在乎别人的看法和评论，才能够获得人生的成功。

一个人要穿过沼泽地，因为没有路，便试探着走，虽然极其艰险，但左跨右跳，竟然也能找出一段路来。可是好景不长，他未走多远，便不小心一脚踏进烂泥里，沉了下去。

又有一个人要穿过沼泽地，看到前人的脚印，便想：这一定有人走过，沿着别人的脚印走一定不会有错。他用脚试着踏下去，果然实实在在，于是便放心地走下去，最后也一脚踏空沉入了烂泥。

接着又有一个人要穿过沼泽地，看着前面两人的脚印，想都未想便沿着走了下去，他的命运也是可想而知的。

生活是茂密的丛林，丛林里有花草树木，有鸟鸣莺啼，有香甜的果实，有甘洌的清泉，有一切我们竭力想拥有的最美好的东西。但是，是丛林就少不了迷雾瘴气、险象环生。

要想在充满诱惑和危机的丛林里走得踏踏实实，我们就要心无旁骛，追随自己内心的声音！

很多时候，我们觉得生命不堪重负，是因为花费了很多精力来迎合周围这个世界，从而失去了自己。

做真正的自己，要正确地审视自己，认真倾听内心的声音，不因为别人的蜚短流长而改变努力的方向。做真正的自己，更是相信自己，坚信所有的努力都是奏响成功之曲的美妙乐章！

精进自己，才能成就最好的自己

实时肯定自己，能锁定成功的方向，使人不会偏离前进的轨道。人生路上，时不时地策马加鞭，终会驰入成功的彼岸。

在现实中，一些人之所以遭受了一点挫折就轻言放弃，甚至一蹶不振，究其原因，他们是缺少一种信念——自信。

相信自己。那些对自己的前途充满信心的人，才能在挫折面前及时调整心态，以最乐观的精神去支配和控制自己的人生。

自信是一种态度，能使“不可能”消失于无形。很多时候，你必须调整自己的心态，充分肯定自我，才能为你的成功打下良好的基础。

相信自己，自己就一定能行！

在这个世界上，不论成功或失败，一切都取决于自己的态度。取得成功的关键不在于外在因素，而在于自身实现目标的信心和及时的自我肯定。

正如罗斯福，从小就坚强地面对不幸的命运，充满自信地告诉自己：“我能行！”一句“我能行”，竟然带领着他一步步走向人生的辉煌，并且登上了美国总统的宝座。

张晓从小就自卑，做任何事都没有自信，每逢老师或同学让他做什么事时，他总是不好意思地说："不行不行，我不行。"

每次过后张晓都下定决心：下次一定要以一副崭新的面貌出现在大家面前。可是一到第二天，他又恢复了老样子。

在熟悉的环境中要改变自己是不容易的，这需要很大的勇气与毅力。而当时张晓恰恰缺乏这样的勇气和毅力，所以他并不自信的性格影响着他一直持续到高中毕业。

上大学后，张晓来到了一个全新的环境中，于是他要建立自信的勇气与日俱增。他每天都面带微笑，精神饱满，干劲冲天。他在心里暗暗为自己加油，暗示自己："我能行！"

后来，张晓所在的班里成立了篮球队，因为张晓个头高，尽管他不会打篮球，但也入选了。从此，张晓就向队友们学习关于篮球的知识和技术，每天都抱着篮球到操场练习。

几个月下来，张晓由篮球的"门外汉"成了篮球队的一名主力。

爱默生曾经说："自我信任是成功的第一个秘诀。"从张晓的身上，我们很明显地感受到了自信的巨大力量：自信——让他慢慢地放下自卑，融入到了群体生活之中。

自信，改变了一个人的命运。

吴薇在参加环球小姐比赛之前，只是一家银行的普通职员。当她摘得环球小姐桂冠后，记者问她夺冠的最大优势是什么。

吴薇笑着说，自信是对美丽最好的表现。"其实我始终都认为自己是个平常人。环球小姐比赛就是为我这样的普通女孩准备的，每个自信的女孩子，都能站到这个舞台上来，我得了奖，是我刚好得到了一次机遇"。

在她摘得环球小姐桂冠后不久，有很多影视制作公司向她抛出橄榄枝，美国的一位华裔导演也有意让她参演一部电影，但都被她一一拒绝了。

吴薇认为青春很短暂，要多尝试一些自己感兴趣的事。

“我觉得现在的工作是最适合我的地方，明星的光彩毕竟只是一时的，而职业的美丽才是永远的。”吴薇很珍惜自己的工作。

别看吴薇只有二十几岁，却已经是行里最年轻的副经理了。她认为，一个人只要相信自己的能力不比别人弱，带着自信的笑容和充满自信的眼光看待每一件事、每一个人，并学会宽容，就可以在工作中游刃有余。

吴薇就是这样一个有魅力的自信女人，她时时刻刻都在为自己的事业忙碌着。因为她相信自己的智慧，相信自己的才干，相信只要自己努力，就不比别人差。

这是一个平凡女人的自信带来的成功。

自信给了人战胜厄运的勇气和胆量，自信也给人带来了聪明和智慧。任何人都会成功，只要你肯定自己、相信自己，那么你一定能够如愿以偿。

自信是成功人生最初的驱动力，是人生的一种积极态度和向上的激情。

自信的魅力在于它永远闪耀着睿智之光。它是深沉而不肤浅的，是一种有着智慧、勇气、毅力支撑的强大的人格力量。

相信自己，就给了自己一种积极的心理暗示，能让我们胸有成竹、处变不惊，从而把潜能淋漓尽致地发挥出来。相信自己，是在光怪陆离的诱惑中能听从内心的声音，坚定选择的方向，并义无反顾地勇往直前，成就最好的自己。

在每个朝阳初升的清晨，对着镜子里的你坚定地说：“我能行！”坚持下去你会惊喜地发现，原来自己真的可以所向披靡！

别把生命浪费在美好的事物上

常规思维是人根深蒂固的理念，是人本能的反应。但很多时候，我们要赢得最后的胜利就必须打破以往的规则，另辟蹊径。

当然，说起来容易做起来难，打破常规绝不是一件容易的事情，它要我们懂得聪明地运用自己的特长。当你充分地将自己的优势发挥出来时，便有可能取得别人所不能够拥有的辉煌成就。

有这样一个故事：在一次欧洲篮球锦标赛上，保加利亚队与捷克斯洛伐克队相遇。当比赛剩下 8 秒钟时，保加利亚队以 2 分优势领先，胜利在望。

然而，那次锦标赛采用的是循环制，保加利亚队必须赢球超过 5 分才可以取胜。可是，要用仅剩下的 8 秒钟再赢 3 分，绝不是一件容易的事情。

这时，保加利亚队的教练突然请求暂停。

暂停过后，比赛继续进行。这时，球场上出现了众人意想不到的事情：只见保加利亚队员突然运球向己方篮下跑去，并迅速起跳投篮，球应声入网。

顿时，全场观众目瞪口呆。全场比赛时间到了，当裁判员宣布双方打成平局需要加时赛时，大家才恍然大悟。

保加利亚队这出人意料之举，为自己创造了一次起死回生的机会。加时赛的结果，保加利亚队赢了 6 分，如愿以偿地出线了。

心理学家的研究结果表明，我们平时所使用的潜力，只有我们所具潜力的 2% ～ 5%。在一般情况下，按常规办事本无可厚非。但是，当常规已经不能适应变化后的新情况时，我们就应该解放思想，发挥自己的特长进行创新，这样才能够取得出人意料的胜利。

许多人总误认为顽固地坚持下去，一定会有自己想要的结果。但有时这样做只能让自己陷入绝境，而失去再次选择的机会。

所以，请别把自己的想法固定化、模式化，有时候你确实需要灵活善变。

在伽利略之前，古希腊的亚里士多德认为，物体下落的快慢是不一样的，它的下落速度和它的重量成正比——物体越重，下落的速度越快。比如说，10 千克重的物体，下落的速度要比 1 千克重的物体快 10 倍。

1900 多年以来，人们一直把这个学说当成无可置疑的真理。

年轻的伽利略根据自己的经验推理，十分大胆地对亚里士多德的学说提出了疑问。经过深思熟虑，他决定亲自动手做一次实验，当时他选择比萨斜塔作实验场地。

那是 1590 年的一天，他带了两个大小一样但重量不等的铁球：

一个重一些，是实心的；另一个轻一些，是空心的。

伽利略站在比萨斜塔上面，望着塔下。

塔下面站满了观众，大家议论纷纷。有人讽刺说：“这个小伙子的神经一定是有问题，亚里士多德的理论是不会有错的！”但伽利略却毫不理会这些。

实验开始了，伽利略两手各拿一个铁球，大声喊道：“下面的人们，你们看清楚，铁球就要落下去了。”说完，他把两手同时松开。

人们看到，两个铁球平行下落，几乎同时落到了地面上，所有的人都目瞪口呆。

伽利略的实验，揭开了落体运动的秘密，推翻了亚里士多德的学说。这个实验在物理学的发展史上具有划时代的重要意义。

其实，这个实验人人都会做，但为什么别人不去做，甚至反对这样做呢？那是因为他们对思维创新产生了严重的惰性。

无规矩不成方圆。很多时候，遵守规矩是一种有秩序的表现，这并没有什么不对，而我们害怕的，是墨守成规。

墨守成规，会桎梏我们的思维模式，会磨灭我们发展创新的欲望，从而让我们失去很多展示自我的机会。

打破常规，是在尘埃落定的瞬间力挽狂澜，让自己潜在的能力在瞬间爆发出来。打破常规，是敢于质疑、挑战权威，找出被假象掩盖的真理。

每个人都有潜在的能量，只是很容易被习惯所掩盖、被惰性所消磨、被时间所拖延。除了努力拼搏，很多时候我们还要另辟蹊径，才能与成功不期而遇。

别把生命浪费在美好的事物上，打破禁锢思想的墙，说不定你就能在自己擅长的领域称王！

一切都是最好的安排

人生总是起起落落，没有永远的安逸，也没有永远的困顿。

处于困顿中的人一定要抱持这样一种信念：相信自己只要努力奋斗，总有一天能够获得幸福与成功。要相信一切都是最好的安排，所有的困顿都是为了帮助自己靠近那个更好的自己。只要我们足够努力、执着，属于我们的美好终会来临。

20 年前，张越在北京的一所大学上学。在很长的时间里，她都在怀疑、自卑中度过。当时她的一张 18 岁时候的照片，看起来比现在近 40 岁的她还老。

张越总觉得同学们会在暗地里嘲笑她，嫌她肥胖的样子太难看。她不敢穿裙子，不敢上体育课。大学快要结束的时候，她差点儿毕不了业——不是因为功课太差，而是因为她不敢参加体育长跑测试！

老师鼓励她说：“只要你跑了，不管多慢，都算你及格。”

可是，张越就是不肯跑。她想跟老师解释，她不是在抗拒，而是因为恐惧，恐惧自己肥胖的身体跑起步来会愚笨之极，一定会遭到同学们的嘲笑。

可是，她连跟老师解释的勇气也没有，茫然不知所措，只能傻乎乎地跟着老师走。老师回家去做饭，她也跟着。最后老师烦了，勉强给了她一个及格分数。

自卑一直困扰着张越，直到大学快毕业时，她才有所转变。

因为随着读书增多，他开始明白，肥胖并没有错，她跟任何人一样，都是一个健康的人，有正常思维的人，当然也就有展示自己、塑造自己的权利。

张越觉得自己应该慢慢走出延续十多年因肥胖而生成的自我封闭状态，应多交朋友，多与社会接触。

一次，张越跟《半边天》节目的几个编导聊天，得知《半边天》周末版新开了一个栏目叫《梦想成真》，可以帮助一些女孩子实现一天的梦想。但编导们苦恼地发现，很多女孩子的梦想都是当模特、歌星，几期做下来一点新意也没有。

而张越说出的梦想却让编导们眼前一亮：她想当厨子。这下导演乐坏了，与张越一拍即合，南下苏州松鹤楼，拜师学做淮扬菜。张越松弛、灵气的表演出尽了风头，相隔一个月后，中央台的领导竟请她做《半边天》节目的主持人。

张越之所以能做《半边天》的主持人，中央台除了相中她的才能，其实还有一个原因：对于一个女性节目来说，主持人外貌普通点，反倒能提高女性观众的关注度，借此提高节目的收视率。因为女人对外貌不如自己的人往往更有兴趣、更宽容——从某种意义来上讲，张越的肥胖，反倒为她当上主持人起到了推波助澜的作用。

心理学家认为，“自信是在不自信中成长起来的”。其实，每个人都有自卑情绪，就看你怎样对待了。假如一直沉浸在自卑情绪中不能自拔，那么你将一事无成。

但如果你能化自卑为力量，辩证地看待自己的优缺点，既不自卑，也不自负，心中充满自信，经常进行积极的自我对话：“我行”“我有能力去干”……那么，你终将成就一番事业。

你也终将明白，那些困扰，原来都有它存在的意义。

可见，自卑者千万不要因为自己某些方面的缺陷，就使自己对生活感到厌倦和绝望，相反，应该使自己努力摆脱目前的困境，不断地超越自我。

很多伟人都经历过从自卑到自强的过程。所以，对自卑者来说，唯一的障碍不是怎么去改变自己，也不是改变中存在的困难，而是是否真的想改变。

安东尼是派希公司的一名初级职员，他的外号叫“奔跑的鸭子”。因为他总像一只笨拙的鸭子一样在办公室里飞来飞去，即使是职位比他还低的人，都可以支使他去办事。

后来，安东尼被调到了销售部。有一次，公司下达了一项任务：本年度必须完成500万美元的销售额。

销售部经理认为这个目标是根本不可能完成的，私下里，他怨天尤人，认为老板对他太苛刻。

最后，只有安东尼一个人在拼命地工作，到离年终还有一个月的时候，他已经完成了自己的销售额。但是其他人并没有安东尼做得好，他们只完成了一半目标。

经理主动提出了辞职，安东尼被任命为新的销售部经理。

“奔跑的鸭子”安东尼在上任后的一个月里，忘我地投入工作。他的行为感动了其他人，在年底的最后一天，他们竟然完成了剩下的一半销售额。

不久，派希公司被另一家大公司收购。当新公司的董事长第一天来上班时，他亲自任命安东尼为这家公司的总经理。因为在双方商谈收购的过程中，这位董事长多次光临派希公司，这位“奔跑”的安东尼给他留下了深刻的印象。

“如果你能让自己跑起来，总有一天你会学会飞。”这是安东尼常常对别人说的话。

很多时候，我们会因为某种与生俱来的缺陷而被自卑深深包围。这样，在人生的跑道上，我们只能低着头踽踽独行，却没有勇气迈开有力的步伐，向着未来肆意奔跑。

如果有一天，我们能冲破自卑的樊笼，高高地昂起年轻的脸庞，自信会让我们神采飞扬，深吸一口气对自己说：“预备，跑！”抬脚奔跑的瞬间，我们的人生将变得完全不一样！

如果我们跑得够快、够好，那个曾经让我们急于摆脱的缺陷，就会成为我们的翅膀，帮助我们一跃而起飞向属于自己的天空。

我们身上那些看似不完美的缺点，其实都是上天为我们留下的印记，用以与他人做区别。当你能认清自我，扬长避短，你便会领会上天的用意：一切都是最好的安排。

那么，我们所企及的美好，终会如约而至！

第七章

当你足够好，才能遇到未来的自己

人生，需要一场华丽逆袭

爱上不完美的自己

当励志不再有效的时候

你期望的将来只能自己去争取

就当是一次路过

要成为一个厉害的人

经历过，才懂得

人生，需要一场华丽逆袭

我们经常会看到这样的故事：在面对人生巨大的灾难与不幸时，很多人往往会表现出超乎常人的勇敢与坚强。这个时候，力挽狂澜的结果便会不知不觉地降临，就像是上帝在拯救灾难中的人们。

其实，这不是某个人的伟力，这是信念带来的奇迹。

横跨曼哈顿和布鲁克林之间河流的布鲁克林大桥，是个地地道道的机械工程奇迹。

1883 年，富有创造精神的工程师约翰 · 罗布林，雄心勃勃地意欲着手这座雄伟大桥的设计。可是，很多桥梁专家却劝他趁早放弃这个天方夜谭般的计划。

罗布林的儿子华盛顿 · 罗布林，也是一名很有前途的工程师，他坚信大桥一定能够建成。

父子俩构思着建桥的方案，琢磨着怎样才能够克服种种困难和障碍。他们设法说服银行家投资该项目，后来他们怀着蓬勃激昂的激情和无比旺盛的精力，组织工程队开始施工建造这座大桥。

然而大桥开工仅几个月，施工现场就发生了灾难性的事故。约翰 · 罗布林在事故中不幸身亡，华盛顿 · 罗布林的大脑严重受伤，无法讲话，也不能走路了。

至此，大家都认为这项工程会因此而泡汤，因为只有罗布林父子才知道如何把这座大桥建成。

然而，尽管华盛顿·罗布林丧失了活动和说话的能力，他的思维还同以往一样敏锐。一天，他躺在病床上，忽然想出一种能和别人进行交流的密码。

他唯一能动的是一根手指，于是他就用那根手指敲击他妻子的手臂，通过这种密码方式，由妻子把他的设计和意图转达给仍在建桥的工程师们。

整整13年，华盛顿·罗布林就这样用一根手指发号施令，直到雄伟壮观的布鲁克林大桥最终落成。

其实，胜利与失败的差距并不是人们想象的那么大，而仅仅是一念之间而已。欲望可以将一个人的力量发挥到极致，激发他的潜能，排除所有障碍，直到目标实现为止。

凡是能排除所有障碍的人，常常会屡建奇功。一生中总会有些事是我们由衷热爱的，这些事值得我们排除万难，全情投入——只有这样，当我们回顾这一生时，才会觉得没白活一世。

他生长在爱尔兰的都柏林，刚出生时就患上了非常严重的脑性麻痹，说话发音不准，全身上下只有左脚能动。

7岁那年，他坐着轮椅，和家人到公园玩。几个小朋友正在比赛画画，他用十分羡慕的眼光盯着他们，啊啊地叫着，不肯离开。

一个小朋友似乎看懂了他的意思，大声笑道："你连话都说不清楚，肯定也画不出好东西来，不要吵着我们啦！"

他伤心地离开了。回到家，为了让姐姐了解自己的意思，他用左脚抓起一支粉笔，试着画呀画，可就是画不好。

姐姐陪在他身边，鼓励他说：“我相信你能画好，上帝只不过暂时解除了你的武装，让你不能像其他孩子一样画画。只要敢梦想，什么都做得到——你只要肯花工夫练习，一定可以画出精彩的画来。”

他慢慢地长大了，一直很勤奋地学习用左脚画画、写字。

他的家人坚信他的智力没有障碍，只是暂时不能够与人沟通而已。家人下定决心要让他尽可能过正常的生活，于是把他放在推车里，拉着他到处跑，让他多见识外面的世界。

他的左脚练得越来越灵活，后来竟然还学会了游泳。

在家时，他总是全神贯注地练习画画，也开始学习写作。他的脚趾常常被磨破，但他忍着疼痛继续练；他写的稿子很多被退了回来，但他一点儿也没有灰心。

一个失败接连着另一个失败，但他的热情依旧不减。他告诉自己再多撑一天、一个星期、一个月，再多撑一年。慢慢地，他发现自己又有了极大的热情。

当他的画作在全市获奖，处女作《我的左脚》经历多次修改也得以发表时，他感觉眼界被打开了——原来，人生充满了可能性。

他相信，前方一定会有更美好的日子。

他品尝到了写作和画画的乐趣，从此一发而不可收拾。虽然每画一幅画、每写一篇文章，他都十分吃力，脚被磨出了血泡不说，还常常收到退稿，但他从不放弃，迫切渴望着每一次机会。

他的妈妈通过一位医生的协助，将他送到约翰·霍普金斯医院，他获得了很好的治疗。他特别尊敬这位了不起的医生，这位医生后来不仅为他和其他脑性麻痹人士创办了一家医院，而且还把他带入了文坛。

几位爱尔兰知名作家也鼓励他创作，他受到了极大的鼓舞。27岁时，他花了很多心血写就了小说《那些低潮的日子》。

令人兴奋的是，小说一经发表就荣登畅销小说榜第一名，并被改编成电影。后来，他又出版了6本书，另外，他也是一位积极创作的画家。

他的名字叫克利斯帝·布朗，是一个只有左脚能动、只能说出几个字眼的知名作家、诗人和画家。很多人听了他的故事都感到非常惊讶和感动。

克利斯帝在日记中写道："正像姐姐曾教我的那样，只要功夫深，没有什么事做不到。在风雨中，要勇敢坚定；在黑暗中，要咬紧牙关前行；面对沙漠，心中要充满绿洲。只要像蝉一样，经历苦痛，决不放弃，一定能一飞冲天，轮椅上的孩子都应该去尝试每一件事。"

世界上的奇迹好像总是离凡人很远，凡人在平凡的生活中日复一日地工作、生活，看的是伟人的传记，听的是能人的传奇，似乎惊天动地的事情永远都不会发生在他们身上。

然而，世界上真的有奇迹发生，它会按照一定的轨迹出现，如果不沿着这个轨迹走下去，奇迹永远都是虚无缥缈的。只有沿着成功的轨迹坚定不移地走下去，才会出现所谓的逆袭。

其实，奇迹的力量，完全来自于创造奇迹的那个人。是他的执着、不放弃，是他付出了超出常人千倍万倍的努力，才会使他如有神助，让人称奇！

爱上不完美的自己

在知乎上看到一个问题：什么是完美的婚姻？下面有一条回复是：能接受婚姻的不完美，就是完美的婚姻！

婚姻如是，人性如是，生命亦如是。

在生活中，很多人都在努力地追求完美：希望自己的形象变得完美一点，希望自己的事业做得再完美一点……

也有很多人不仅仅是在追求完美，还处处苛求完美，将其当成了自己一生的终极追求，以致掉进了这个漂亮的陷阱里，随之而来的是心情焦虑、紧张、孤独，精神备受折磨。

完美当然很好，每个人都想拥有完美，可有多少人或事是完美的呢？

有这样一个故事：一个小木轮，忽然有一天发现自己身上少了一块木片，为了补上这一缺憾，它决定去寻找一块和自己丢失的一样的木片。

于是，它开始了长途跋涉，但由于缺了一块木片，整体不够圆，所以走得很慢。

这时正值春暖花开的季节，路边的风景简直美到了极致，五颜六色的鲜花点缀在绿色的田野里，空中还有鸟儿在歌唱。

小木轮边走边欣赏风景，不知道就这样走了多久，它终于发现了一块和自己的缺口一样的木片，它十分高兴地将其装在身上。

这下完美了，它心里想着。

然后，小木轮重新出发了。没有了缺憾的它自然走得飞快，它开始为自己的完美欢呼。可是，没过多久，它就泄劲了，因为它再也没有时间和机会欣赏路边的野花，聆听小鸟的歌唱了——单调的赶路让它感觉枯燥和乏味。

于是，经过再三思量，它还是将木片卸了下来，带着缺憾慢慢上路，这样，快乐的心情又失而复得。

因为少了一块木片，小木轮看到了世间最美丽的风景，缺憾反倒成了一种恩惠。而在艺术界，有的评论家甚至指出："完美的趣味本身就是一种局限，单调的美容易使人淡忘，而一些缺点往往能起到震撼心灵的作用，使创作更加生动真实。"

的确，完美与缺憾本身就是相对存在的，倘若没有缺憾又怎么能够显出完美的魅力？就像如果没有沙漠，人们就不会产生对绿洲的期待。

单调的美，容易让人淡忘，不仅仅是在艺术领域，生活中其实也是如此。但你仔细想一下，你记忆犹新的和自以为美好的，实际上有多少是真正完美的事情呢？

正如当初我们错过了一份美好的感情，如今每每都会想起，时时都会拿出来回味。甚至到老还会记得，曾经有一位美丽的女子或者迷人的男子喜欢过自己，自己却阴差阳错地未能与之牵手。

到了那时候，所有的遗憾都沉淀成了一种美丽的情愫。

话虽如此，但是人们还是不喜欢缺憾。

我们都在追求所谓的完美，想要拥有完美的亲情，想要拥有完美的爱情，更想拥有一个完美的人生。只是日有东升西落，月有阴晴圆缺，就连星星也会陨落——也就是说，真正意义上的完美并不存在。

正是因为有了缺憾，才让我们看到了人生的另一种风景。

我们都知道柠檬又苦又酸，一点也不讨人喜欢，可是假如能够把它榨成汁，加上水，加上糖，倒进蜂蜜，却能变成人人爱喝、生津止渴的柠檬汁。

假如上天给了我们一个酸苦的柠檬，那我们就想办法把它榨成柠檬汁吧!

2008 年 8 月 17 日，在北京奥运会女子竞技体操决赛场上，我国女子竞技体操名将程菲两次失手，其中一次还是她最拿手的跳马。

大家都知道，她的跳马技术堪称当今世界上女子跳马最高水平。2005 年墨尔本世锦赛上，程菲一鸣惊人，就是凭借她的高水平发挥夺得中国首个女子跳马世界冠军的，而且她的新动作还被国际体坛命名为“程菲跳”。

而在 2008 年的奥运会上，仅有一名选手会跳“程菲跳”，所以，所有人都以为这块金牌非她莫属。

比赛开始了，她的第一跳以完美的表现获得全场最高分——

16.075分。然而在第二跳，跳自己的“程菲跳”时，她却跪在了地上，这是她第一次在最拿手的动作上翻船。

在接下来的第二个项目自由体操上，程菲又摔在了垫子上。

假如说这一次失手，是因为她还未走出上一个项目失败的阴影，思想上有包袱，失败情有可原。那么第一次失手，就是因为她过于追求完美的结果。

她为了把自己的最高水平展现在奥运会上，展现给全世界的观众，结果适得其反。倘若她不是为了追求更完美，而是稳中求胜，“程菲跳”又怎么会失误?

其实，追求完美本身是好事，这是值得提倡的，尤其是在比赛场上，只有这样才能不断挑战自我，从而超越自我。因为在竞争激烈的赛场上，倘若你不进步，就意味着被淘汰。

但是，凡事都有一个度，过于热衷于完美，就会与自己的初衷脱节。

曾有人说：完美本是毒。

想想的确如此，倘若事事追求完美，其实是一件非常痛苦的事情，就如毒害心灵的药饵。

世界上总是有很多人坚持完美主义，他们对旁枝末节的目标孜孜不倦，表面上他们表现得多么勤奋和努力，实际上，他们却是在白白地浪费时间。

晴儿是一个美丽的女孩子，面对三个男孩的同时追求，一时之间竟难以取舍，无法从中做出选择。因为，他们四人从少年时代开始就相处得很好，三个男孩都有各自的优点，也都希望晴儿可以成为自己的女友。

可晴儿呢？她既喜悦又痛苦，到底应该如何选择呢？

这三个男孩各有所长：一个，事业心很强，将来可能最有前途，但他经常不太顾及别人的心情；一个，与他在一起最轻松、快乐，却行事懒散、做事总是不够周密；还有一个，玉树临风，风度翩翩，所有女孩子看了都喜欢，只是他用情不专，让人缺乏安全感。

晴儿说，要是他们三人能合成一人，那该是多么理想的爱人啊！

可是，这怎么可能呢？

晴儿的女友，看到她犹豫不决，就将自己的经验告诉了她：要明白，找一个十全十美的男人是不可能的，面对各有所长的他们，要抛开长处而选择缺点。

女友告诉晴儿说：“既然每个人都有缺点，那么，你就选择一种自己最能接受的缺点。”

晴儿接受了她的建议，果然，后来她的婚姻美满而稳固。

一个人到了谈婚论嫁的年龄，倘若正好遇到了“非他不嫁”“非她不娶”的那个人，那真是上天赐予的福分。然而，令人惋惜的是，这种幸运并非每个人都可以拥有，于是就得在几个候选人中选择出最能接受的那一个。

退一步来说，有可以选择的对象，其实已经很幸运了。

但是，人们总是习惯性地先挑优点而忽略缺点。看看满眼的征婚启事：“学历本科以上，身高 1.75 米以上，有独立住房，有事业心，有责任感，重感情……”提的都是优点。

记得几年前，有个人在报纸上登出征婚广告，声称：要找的女子除了富有才情、楚楚动人以外，还有个条件——必须是只有一条腿的。

结果，大家都认为这个人脑子一定有毛病。

事实上，这个人非但没毛病，反而是个非常聪明的人。

富有才情、楚楚动人的女子大多浪漫而多情，但是她如果瘸了一条腿或是只有一条腿，用情就会比较专一，生活中就会因为自身缺陷而忽略对方的一些毛病，不会动不动就起矛盾，婚姻就比较稳固。

所以，有时候选择配偶，应以选择缺点为明智之举。

我们不得不承认，我们都是被上帝咬了一口的苹果：上帝的咬痕在不同的位置，我们因此就有了各自不同的缺陷。

上帝赐给我们的印记，是无法改变的。对于无法改变的事情，除了与它握手言和，好像也没有别的办法——排斥、拒绝、懊恼、怨恨都于事无补，这些负能量说不定还会让缺陷更加明显。

阻碍我们成长的不是我们自身的不完美，而是我们不肯承认自己的不完美。请接纳自己的不完美，因为正是这些不完美，才使得我们与众不同，变得越来越强大。

欣然接受自己的不完美，并且让自己慢慢爱上它吧。毕竟，它也是我们的一部分，早已与我们血脉融合！

完美的只是想象，不完美的才是人生。爱上不完美的自己，我们的人生反而会渐渐趋向完满。

当励志不再有效的时候

在这个经济飞速发展的时代里，机会就是财富。所以，人们常说，有机会要上，没机会，创造机会也要上。

机会是成功的东风，很多时候我们觉得自己已经足够努力，万事都俱备，但机会却迟迟不肯造访。此时，我们不能一味地等待机会来敲门，而应该积极主动地为成功创造机会。

商人哈默从莫斯科回到美国后不久，第二次世界大战便爆发了，战争造成市场上粮食紧张，美国政府下令禁止用谷物酿酒。

精明的哈默得知这一消息后，马上预测到威士忌酒将成为市场上的紧缺货。

当时，美国酿酒厂的股票为每股 90 美元，而且以一桶烈性威士忌酒作为股息。哈默当机立断，立即买了 5514 股，因而得到了作为股息的 5514 桶威士忌酒。

正如哈默所预料的，市场上很快就出现了威士忌酒短缺。哈默不失时机地将他的威士忌酒由桶装改为瓶装，并贴上新商标，然后卖出去。

哈默的瓶装威士忌酒大受欢迎，买酒的人排起了长龙般的队伍，几乎围着马路绕了一圈。

哈默看到这种情形，便及时采纳了一位工程师的建议，大量购买土豆以生产土豆酒精，然后兑制含有20%的威士忌酒——“金币”牌混合酒再次大获成功，赢得巨额利润。

由此可见，抓住机遇，便会获得成功。它是开拓创新、成就事业极为难得的有利因素和大好局面。

一个具有非凡洞察力的人，往往很容易发现大好商机，并且能够及时抓住机会，从而获得财富。

摩托罗拉公司的创始人保罗·高尔文出生在美国伊利诺伊州的一户平民家庭，10岁那年在一个名叫哈佛的小镇上念书。

哈佛镇当时是个铁路交叉点，火车一般都要在这里停留，加煤加水，于是，许多孩子便趁机到火车上卖爆米花，赚点零花钱。

高尔文感到在火车站卖爆米花是个不错的买卖，于是，上课之余，他也加入到了卖爆米花的行列。

为了争夺顾客，孩子们常常会爆发一些“战事”，但每当“战火”烧到高尔文身边时，他总是能够很快与对方和解。而且，他还常常告诫对方：“我们这样搞下去，谁也做不成生意了。”

除了到火车上叫卖，高尔文还想了许多办法来增加销量。他搞了一个爆米花摊床，用车推到火车站或马路上叫卖，还往爆米花里掺入奶油和盐，使其味道更加可口。

因为他懂得如何比别人做得更好，所以他的爆米花卖得很快。

1910年，哈佛镇下了场大雪，几列满载乘客的火车被大雪封住。

高尔文瞅准时机，赶制了许多三明治拿到车上去卖。

虽然三明治做得并不太好，但饥饿的乘客仍抢着购买。高尔文因此发了笔小财。

因为他懂得如何比别人做得更早，抢占先机而使他成功。

夏天到来后，高尔文又萌生创意搞了一种新产品：他设计了一个半月形的箱子，用吊带挎在肩上，在箱子中部的小空间里放上半加仑冰淇淋，箱边上刻出一些小洞，正好堆放蛋卷，然后拿到火车上去卖。

这种新鲜的蛋卷冰淇淋受到了大家的广泛欢迎，他的生意很好。

因为他懂得如何比别人做得更新，创新使他取得了成功。

在火车上做买卖很快成了一个大热门，不但镇上的孩子纷纷加入到竞争行列，而且铁路沿线其他村镇的孩子也纷纷效仿。

高尔文隐隐感到这种混乱局面不会维持太久，便在赚了一笔钱后，非常果断地退出了竞争。

不出所料，没过多久，车站就贴出通告，禁止一切人在车站和火车上做买卖。

所谓机遇，就是有利的条件和环境。成功需要机遇，这一点一直不容置疑。

可以说，在每个人的身边，都有机遇存在。只可惜机遇就像森林里的小精灵，它灵动且善于隐藏，如果我们没有感觉敏锐的头脑，就根本无法发现机遇，只能对着机遇倏忽即逝的背影捶胸顿足、遗憾悔恨。

在埋头拼搏、渴望成功的同时，一定要像猎人一样保持高度警惕，时刻准备好，一旦机遇突然而至，就要紧紧把它抓在手里。凭着它扶摇而上，抵达成功的峰顶。

也有些时候，机遇又会化身沉睡的种子。它就静静地睡在那里，等着有心人将它唤醒。

如果你敏锐地嗅到了它的气味，就要想办法将它激活，让它萌芽、生长，说不定，它会还你一棵成功的大树！

你期望的将来只能自己去争取

生命的奖赏会以哪种方式到来很难预测，但能确定的是，无论何种奖赏从来都不会光顾一段征程的起点。我们只管埋头赶路，命运自有妥善安排。

失败时，常有人抱怨：我的起点不如别人啊！

可每一位成功者都知道，要想获得成功，起点从来不起决定作用，而是要有一种持之以恒、不达目的誓不罢休的精神。一锹挖不成水井，成功需要不断地积累和坚持——上天的赏赐，也仅发给最后到达终点的那个人。

因此，当你拥有一个伟大的梦想时，你一定要有必胜的信心以及迎战困难的勇气。不管面对什么样的人生困境，都要咬咬牙为梦想多坚持一下、多尝试一下。这样，你才能够找到自己真正的幸福，从而实现自己的人生价值。

爱·罗塞尼奥是第七届国际马拉松赛冠军。

在上中学的时候，有一次他参加学校举办的10公里越野赛。开始时他跑得十分轻松，慢慢地，他感觉有些跑不动了，汗流浃背，脚底发虚。

这时，一辆校车开了过来，是专门在赛跑路线上接送那些跑不动或者受伤的学生的。这个时候，爱·罗塞尼奥很想上车，但还是忍住了。

又跑了一段时间，爱·罗塞尼奥感到两眼模糊，胸口发紧，双腿灌铅似的沉重。又一辆校车开过来了，他迟疑了一下，还是压制住了自己那极度膨胀的欲望，继续一个劲地朝前跑。

不知又跑了多久，到了一座小山坡前，爱·罗塞尼奥感到眼冒金星，全身虚脱，两条腿似乎不再属于自己。他觉得现在要爬上眼前这个小小的山坡，对他来说绝不亚于攀登珠穆朗玛峰。

他绝望了，不想再坚持了。当校车再一次开过来的时候，他没有任何犹豫，上去了。

可是让爱·罗塞尼奥没想到的是，校车开过那个小山坡，一拐弯就到了终点。他后悔极了，要是再坚持1分钟，就可以越过小山坡，跑到终点。

从那以后，每次参加比赛，当感到自己跑不动、快要泄气的时候，爱·罗塞尼奥就不断地对自己说："再坚持1分钟，快到终点了！"

坚强的人在面对困难的时候，不应该想着放弃，应该努力地去争取、去坚持。

当你再坚持1分钟时，成功竟然出现在你的面前。由此可见，获取成功并不是一件十分困难的事情。很多时候，成功往往就在于多坚持的那1分钟里。

所以，每个有梦想的人，一定要有坚持到底的决心，这样才能够如愿以偿。

美国玫琳凯化妆品公司的董事长玫琳凯·艾施，在创业之初，历经失败，承受了各种各样的痛苦，走了无数弯路。然而，她从来不灰心，不泄气，最后终于成为一名大器晚成的化妆品行业的“皇后”。

20世纪60年代初期，玫琳凯因为不能忍受公司轻视妇女的行为，一气之下辞职回家。这时她已经45岁了。接着，寂寞无聊的退休生活使她决定冒一冒险再次创业。

经过一番思考，她把积蓄下来的5000美元作为资本，创办了玫琳凯化妆品公司。

为了支持母亲实现“狂热”的理想，两个儿子也加入到母亲创办的公司中来，宁愿只拿250美元的月薪。

玫琳凯知道，这是背水一战，是在进行一次人生的大冒险，倘若弄不好，不仅自己一辈子辛辛苦苦挣来的积蓄将血本无归，而且还可能葬送两个儿子的美好前程。

在创建公司后的第一次展销会上，她隆重推出了一系列功效奇特的护肤品。按照原来的想法，这次活动会引起轰动，一举成功。

可是“人算不如天算”，整个展销会下来，她的公司只卖出去1.5美元的护肤品。意想不到的失败，使她控制不住失声痛哭起来。

后来，她经过认真分析，终于悟出了一点：在展销会上，她的公司从来没有主动请别人来订货，没有向外发订单，而是希望顾客自己上门来买东西。

商场就是战场，从来不相信眼泪，哭是不会哭出成功来的。

玫琳凯擦干眼泪，从第一次失败中站了起来——她不允许自己倒下，始终坚持着自己的信念，在重视生产管理的同时，加强了销售队伍的建设。

玫琳凯对传统的挨家挨户的直销方式进行了一次革命，她将自己的销售员称为“美容顾问”，以小组展示的方式推销产品，每次参加活动的人数不超过五六人。

玫琳凯还采用当时一般公司并不采用的付款才能提货的政策，这使得公司不需要很多资金来支撑生产，更重要的是，她让顾客只付零售价的 50% 购买整套产品。

公司创立第一年，在十来个“美容顾问”（销售人员）的共同努力下，公司的销售收入达到 20 万美元；第二年迅速上升到 80 万美元，并且拥有了 3000 名女性组成的销售队伍。

1976 年，玫琳凯公司正式在纽约股票交易所上市，这是美国第一家由女性拥有股票的上市公司。

玫琳凯公司拥有 85 万名独立的美容顾问（多是女性），在五大洲的 37 个国家和地区设有分支机构，每年的零售额超过 24 亿美元，多次位居全美面部护肤品和彩妆销售第一名。

玫琳凯也是《福布斯最伟大的商业人物》一书里收录的 20 位商业巨子中唯一的女性。

人人都会陷入困境，倘若你能够多坚持一会儿，那么你就会离成功更近一步。

在通往成功的道路上，人们往往会遇到各种各样的坎坷和挫折，每个人都可能会失败。但是，很多人在失败后就偃旗息鼓了，被失败打击得再也爬不起来——这才是真正的失败。

俗话说失败是成功之母，即使是最困难的事，只要自己有心理准备，能够想办法解决，就一定可以找到破解问题的办法。

解决困难的方式是多种多样的，其中最重要的就是对事实有着清醒的认识，冷静思考造成困难的原因。这需要一种敏锐的眼光，能快速捕捉到事情的关键——这是非常重要的。

事实上，即使是有丰功伟绩的人，都承认自己曾经有过失败。正因为有很多失败，才能够从中吸取教训，才能够让自己慢慢地变得成熟起来。

倘若不肯面对失败，那么你将永远不会进步。倘若面对不幸，你只是一味地抱怨，就只会使自己一而再再而三地处在失败和不幸的漩涡之中。

不管做什么事，只要放弃了，就丧失了成功的机会。不放弃，就可能会有成功的希望。即使你具备 99% 能够成功的条件，却有 1% 想要放弃的念头，结局也只能是失败。

我们一直渴望得到生命的奖赏，受到命运之神的青睐，让我们的努力立竿见影，获得梦寐以求的成功……

可是，我们常常感慨，命运是个吝啬的神吧，而且还有失公正——他坐拥让人垂涎的奖赏，却从不轻易给人打赏。而且很多时候，我们明明都那么努力了，他为什么就看不到呢?

而真相是，我们没有得到奖赏，因为我们还没有竭尽全力去拼搏。生命的奖赏不在你跋涉的途中，而是在你这段征程的终点那里等着你去领取。

就当是一次路过

人生就像一根弦，太松了，弹不出优美的乐曲；太紧了，容易断。只有松紧合适，才能奏出舒缓优雅的乐章。

做人也一样，累了，就没有工作效率；乏了，也容易生病。所以，要懂得休息。

泰戈尔在《飞鸟集》中写到：“休息之隶属于工作，正如眼睑之隶属于眼睛。”不懂得休息的人就无法很好地工作，只有休息好了，才能更好地工作，才会拥有美好的未来。

人生就像登山，不能为了登山而登山，而应着重于攀登中的观赏、感受与互动。如果忽略了沿途风光，即便到达山顶，又有多少快乐可回味呢？

人们最美的理想、最大的希望便是过上幸福的生活，而幸福的生活是一个过程，不是劳碌一生后才能到达的一个顶点。

宋朝诗人黄庭坚说：“人生政自无闲暇，忙里偷闲得几回？”

人生是忙碌的，忙里偷闲是一种放松心态，符合自然规律的调适方式。

在大自然里，春夏生机勃发，万物生长，莺飞燕舞；秋冬万物沉寂，处于休眠状态。人本身也属于自然的一部分，所以要懂得休养生息，顺应自然规律。

其实，悠闲与工作并不矛盾，该工作的时候就要好好工作，该休息的时候就要好好休息。完全闲着什么都不做，一直忙碌不暇，这是都不可取的两个极端。所以，忙里偷闲，不失为一种适宜的调节方式。

梅芳是一个非常聪明的女孩子，所有的事几乎一点就通，再加上对事物的领悟力强，大学毕业刚进公司就被企划部的经理看中了，一干就是三年。

在这三年的工作中，梅芳频频创新，经手的几件企划案特别受委托方的赞赏，而且也给对方创造了很好的业绩。

经过三年的锻炼，梅芳已经成为部门里的骨干人员，所有大案要案都由她负责。

为了保持自己良好的口碑，也为了努力再创造新的成绩，梅芳更是对自己有着高标准、严要求。她经常在吃完晚饭休息片刻后，就投入了连续几个小时的文案策划中，而一个方案的完成至少要三天时间。累积下来，只要她接一个新客户的单子，就会连续开两个星期的“夜车”。

梅芳有时私下算一算，一个月不加班的日子似乎不到一周。

后来，她经常会感到胸闷气短，有时还会眼冒金星，视力也明显下降了。

年轻的梅芳为工作付出了自己的健康。在生活中，有一些人为了工作付出了更为惨重的代价，甚至是失去了生命。

很多生活在底层的人，为了生存拼了命地打拼，疲于奔命，由于工作时间过长、劳动强度过重、心理压力过大，从而导致精疲力竭，甚至引发身体潜藏的疾病信号，身体状况急速恶化，继而出现致命的症状，存在“过劳死”的危险。

目前，疯狂工作而不注意身体的人太多了，他们为了前途和成就宁愿赔上自己的健康。这种现象不仅在中国，在全球都是如此，即有生活在底层的平民，也有身居高位的名人。

2006 年 5 月 28 日，年仅 25 岁的华为固网产品线硬件工程师胡新宇，因长期加班导致急性脑炎，经抢救无效去世。两天以后，5 月 30 日深夜，广州市 35 岁的服装厂女工甘红英猝死在出租屋内。

2005 年 4 月 10 日上午，陈逸飞因上消化道出血在上海华山医院去世，享年 59 岁。这位广受赞誉的“视觉艺术家”，因为劳累而在离 60 岁还有 4 天的时候英年早逝。

陈逸飞是个非常有才华的人，他广泛涉足电影、时装、环境、建筑、传媒出版、模特经纪、时尚家居等多种领域。但是，陈逸飞为何就这么匆匆地离开了人间呢？因为他不顾健康玩命地工作，因为他从来都没有停下蒸蒸日上的事业，虽然他已经拥有几辈子也花不完的财富，虽然他已经拥有显赫的名声。

他的去世给那些才华横溢的人以提醒，也给常年辛苦工作的老板们以警示：“身体才是革命的本钱！”

只要我们稍稍留意一下，就会发现很多人的去世都让人遗憾：

2004年11月7日晚，均瑶集团董事长王均瑶，因患肠癌医治无效，在上海逝世，年仅38岁；2004年4月8日，爱立信中国有限公司总裁杨迈由于心跳骤停在京突然辞世，终年54岁。

我们都太渴望成功了，成功是多么美好的事情：拥有自己想要的生活，实现了自我存在的价值，甚至为社会做出了莫大的贡献。成功是耀眼的光芒，可以使人生璀璨夺目。

然而，成功只是生命的一部分。如果没有了生命，成功将变得毫无意义。生命是成功的土壤，只有珍爱生命，成功的大树才能长得茂盛。

所以，拼搏没有错，但是一定要给生命留一些空隙，在拼搏的路上，给自己提供些驿站。

水墨画中因为有留白而意蕴犹增，人生也因为错落起伏间有逗留的缝隙而能自然承接。永远不要因为贪满而失去事物的本意，创作如此，生活更是如此。

要成为一个厉害的人

咬定青山不放松，向着目标的方向勇往直前，痴心不改，这无疑是值得肯定的拼搏精神。但是，这样做的前提是，最初认定的目标，值得你坚定不移地为之努力。

如果渐渐发现，那个目标最终带来的结果有悖自己的初衷，那就要当机立断做出调整甚至放弃选择，以便能把损失减到最小。

目标是成功的方向，如果目标出现了偏差，努力越多浪费就会越多，甚至是损失越惨重，所谓方向不对，努力白费。所以，要时时关注自己的目标，而不是一味地埋头赶路。

当你所从事的工作已经没有太大的价值时，一定要能够及时放弃，及时做出决断，这样才会获得最大收益，达到最终想要的终极目标。

杰克·韦尔奇曾经这样谈论有关拓展企业规模与实行业务外包的问题："不要占据一个食堂，让一个食品公司去做吧。不要开一个打印车间，让一家打印公司去做吧。你们应该明白，真正的附加值是在何处，这样才可以使你们最优秀的员工和最丰富的资源集结在某个地方。"

之所以在这里引用杰克·韦尔奇的这段话，是因为在选择行业以及拓展事业的过程中，人们往往会面临类似的问题——经常不知道自己的价值应该在什么地方得到最大限度的体现，应该如何体现，也不知道怎样才能最大限度地开发和利用自身的能量。

人们总以为自己非常了解自己的长处与不足，以为知道自己的能力和价值应该如何开发和体现。

可是，在现实生活中，有些人却经常把太多的精力用到了不能充分发挥和体现自身价值的地方——

一名厨艺精湛的厨师，以为自己可以开一家餐饮公司。

明明不善于表达，却非要坚守着"传道授业解惑"的教师工作不肯放手。

一些有着应变能力和出色的表达能力，大可以在销售领域做出一番成绩的人，仅仅因为当初上大学的时候学的是计算机专业，就要在自己并不喜欢的计算机维护工作上苦苦煎熬！

虽然时常听到有些人抱怨自己的工作了然无趣、在其中又难以取得成就，但是，当我们劝说这些人及时放弃目前的工作，去寻找更为合适的事业发展之路时，他们又表现得很矛盾。

有人说，虽然明知眼前的工作并不适合自己，而且也不能充分发挥和体现自身的能力与价值，可是就这样离开一个自己十分熟悉的行业是否太过贸然？

因为人人都知道，要改行换业，存在很多风险。更何况，离开一份收入不高但还算稳妥的工作，心里也会觉得可惜。

其实，一旦眼前的工作对你来说已经成为负担的时候；你从工作当中体验到的更多是厌烦和无奈，而并非快乐和成就感的时候；昔日令你激情澎湃的工作，在你眼中已经成为一块“食之无味，弃之可惜”的“鸡肋”时；经过你的理智分析，发现自己在这一行业内不可能取得太大的成绩时——

那就到了认真考虑放弃现在所拥有的、重新选择事业发展道路的时候了。

在选择事业发展道路的过程中，每一个人都应该明白，在错误的轨道上运行得越久，在不适合你的地方浪费的时间越多，所付出的各项成本就越高，最后越是无法下决心放弃，你离预期的理想也就越来越远，这就是“南辕北辙”的道理。

懂得放弃，能够根据自身情况及客观实际的发展和变化，适时调整自己的事业发展方向，抓住真正的机会挑战自我，对于你的事业发展具有非常重要的作用。

迈克逊是美国20世纪福克斯公司的电影制片人，制作了20年的影片，他认为这是他唯一会干的工作。可是突然有一天，他丢掉了这个饭碗。

他沮丧极了，不知道该怎么办，因为他不知道自己除此之外还能干什么。

有一天，他正心灰意冷地在大街上闲逛，迎面碰到了过去的一位同事。这位同事的一番话及时调整了迈克逊的心态，使他走出了人生的低谷，开始迈向了真正成功的人生。

同事对迈克逊说："你担心什么，你的本事大得很。"

迈克逊非常沮丧地说："真的？我有什么本事？"

同事告诉迈克逊："你算是一个了不起的推销员。多年来，你不是一直把许多电影构想推销给总公司的人吗？如果你能成功推销给这些老奸巨猾的人，你就能把任何东西推销给任何人。"

"此外，你还是一个宣传企划的高手，你一直为自己的影片写最好的宣传企划，所以你干这一行一定没问题。"分手时，同事不经意地撇下最后几句话，"你最擅长的是把一大堆人凑在一起工作，这本来就是制片人的职责。所以，你也许可以开一家自己的演员经纪公司，依我看来，你的选择多得很。"

迈克逊听了同事的话略有所悟，于是，他便及时调整了自己的人生方向，开始了新的人生。现在他拥有了自己的公司，独立承接宣传企划，当然是以电影业为主。

人生总会有不顺心的时候，很多人在逆境中沉沦了，自暴自弃了，但是，只要相信人生可以自我调整，换个角度重新审视自己的生活，就会调整航道，整装再发。

迈克逊的转变就是这样一个例子，他并没有固执地坚持自己的“失败事业”，而是听从了朋友的劝告，转换角度重新看待问题，最后他果然取得了巨大的成功。

在职业发展的道路上，有些人以为自己手里端了一个铁饭碗，就心满意足地抱着它，认为这样就会平稳一辈子。当周围的人抓住新的机会不断前进时，他们也漠然不见。等到所在的单位宣布要裁员或者倒闭的时候，他们才意识到根本没有永远的稳定，但此时已经晚了。

有些人则不断地根据社会的发展和时局的变化来调整自己的发展道路，勇敢地放弃那些已经成为“鸡肋”的工作，并且成功地抓住了一次又一次的机会，最后便获得了常人难以想象的成功。

只可惜，我们往往会优柔寡断，舍不得放弃那个“鸡肋”：我为此付出了那么多努力，我已经走了这么远，回头太难了。又或者抱着侥幸的心理安慰自己：万一、说不定、也许能行呢？

在我们犹豫的时候，很多更好的机会也许已经从身边溜走了。而那个舍不得丢掉的“鸡肋”，说不定还会如鲠在喉，卡得我们不得动弹。

当意识到那是“鸡肋”的时候，下定决心舍弃它，然后再精进自己，成为一个厉害的人！

经历过，才懂得

生命有穷尽，古往今来，活过百岁者不算太多。欲望无穷尽，多少人前仆后继，倒在了欲望的沟壑中。

人，要懂得知足常乐。

所谓知足，是种平和的境界。所谓常乐，是种豁达的人生态度。

知足常乐并不是安于现状不思进取，而是对现有的收获充分珍惜，对目前的成果充分享受。

俗话说，知足者常乐。如果一个人能够真正做到知足，那么他的人生便会多一份从容，多一份达观，从而常乐。这就是儒家的“中庸之道”。

人生在世得有所求，但也不能过分苛求，任何事情都得讲究个“度”，一切行为适中为宜。换句话说，就是对幸福的追求持一种珍惜、满足的态度。

一个人知道满足，心里就会时常充满快乐，有利于身心健康。相反，如果贪得无厌，不知满足，就会时时感到焦虑不安，甚至是痛苦不堪。

古人的“布衣桑饭，可乐终生”就是一种知足常乐的典范。

“宁静致远，淡泊明志”中蕴含着诸葛亮知足常乐的清明雅洁；

“采菊东篱下，悠然见南山”中，尽显陶渊明知足常乐的悠然；沈复所言“老天待我至为厚矣”，表达了珍惜感恩的真情实感。

晚清重臣曾国藩认为人生一切都“不宜圆满”，以免乐极生悲，于是给自己的书房起名为“求阙斋”，体现了知足常乐的智慧。

林语堂曾经说过，半玩世半认真是最好的处世方法，不忧虑过甚，也不完全无忧无虑，才是最好的生活。这流露了知足常乐的幽默。

知足是一种处事态度，快乐则是一种释然无忧的情怀，是人们孜孜不倦追求的目标。

如何才能知足常乐呢？简单来说，就是贵在调节。

当我们在因为不断追求与拼搏而迷失方向的时候，知足常乐，这种由平凡的人生底色所孕育的宁静与温馨，对于风雨兼程的我们是一个避风的港口。休憩整理后，能够再毅然前行，得益于自身平和的不竭动力。

有一个外国商人坐在马来西亚一个渔村附近的码头上，看见一个渔夫从海里划着一艘小船靠岸了。

小船上有好几条大黄鳍鲷鱼，这个外国商人对渔夫的捕鱼能力大加赞扬了一番，还问他要多少时间才能捕这么多鱼。

渔夫回答道：“半天工夫就捕到了。”外国商人接着又问道：“你为什么不待久一点儿，好多捕一些鱼？”

渔夫觉得不以为然：“这些鱼已经够我们一家人的生活了。”

外国商人又问道：“那你半天捕完这些鱼，还有那么多时间去干什么呀？”

渔夫说：“我每天睡到自然醒，出海捕几条鱼，回来后跟孩子们玩一玩，再睡个午觉。黄昏时到村子里喝点小酒，跟哥儿们弹弹吉他，我的日子过得可是充实又忙碌呢！”

外国商人听了后皱皱眉头，他告诉渔夫：“我是美国耶鲁大学企管硕士，我有一个方法可以让你赚更多的钱。你应该每天多花一点时间去捕鱼，到时候你就有钱去买一条大一点的船，然后你就可以捕更多的鱼。再买更多的渔船，不久你就可以拥有一个渔船队。

“到时候你就不必把鱼卖给鱼贩子了，而是直接卖给加工厂。然后你可以自己开一家罐头加工厂，如此你就可以控制整个渔业生产，加工处理和行销。然后你可以离开这个小渔村，搬到城里去，再搬到美国，搬到纽约，在那里不断扩充你的事业。”

渔夫问：“我取得这么大的成就，要花多少时间呢？”

外国商人回答：“15 到 20 年。”

“然后呢？”

外国商人哈哈大笑道：“然后你就可以在家安享清福啦！时机一成熟，你就可以宣布股票上市，把你的公司股份卖给那些投资人。此时，你就是一个非常有钱的人了！”

“再然后呢？”

外国商人说：“再然后你就可以退休了。你可以搬到海边的小渔村去住，每天睡到自然醒，出海随便捕几条小鱼，跟孩子们玩一玩，再睡个午觉，黄昏时到村子里喝点小酒，跟哥儿们弹弹吉他！”

渔夫听完，淡然地说道：“我现在过的不就是这样生活的吗？”

获取人生幸福，是我们所追求的终极目标，然而很多人每天都活得忙忙碌碌，被心中涌出的种种欲望所迷惑，给自己加上无数的枷锁，而忘记了人生到底是为什么而活着。

倘若你现在已经感到幸福了，就要懂得珍惜，追求那些虚无缥缈的东西只会顾此失彼；也不要去做那些无谓的假设，应及时区分不切实际的幻想和朝思暮想的梦想的分别。当你心存感激，快乐地活着，你的心中就会充满幸福。

所以，幸福并不是就要获取很多东西，而是拥有健康平和的心态——懂得知足才是人生真正的幸福。

老子说："祸莫大于不知足，咎莫大于欲得。故知足之足，常足矣。"意思是说，祸患没有大过不知满足的了；过失没有大过贪得无厌的了。所以，知足的人永远都会觉得快乐。

用叔本华的观点来说，不满足使人生在欲望与失望之间痛苦不堪。

曾经有一个仙人看到一个非常可怜的穷人，想帮帮他，就来到他身边，伸手一指，墙角的石头变成了一块金子，然后对穷人说："这个给你了，好好过日子吧。"

可是出乎仙人预料的是，穷人竟然说："我并不想要这个。"

神仙心想：这人好，不会见钱眼开。一高兴，就又点了两下，眨眼一堆石头变成了一堆黄金。

谁知穷人还是那句话。神仙问："那你想要什么呢？"

穷人说："我想要你那根点石成金的手指。"

神仙听了非常生气，拂袖而去，那堆黄金随后又变回了石头。

在生活中，很多人总是吃着碗里的看着锅里的，这山望着那山高，没有满足的时候，正应了那句老话：人心不足蛇吞象。很多时候，人为了得到更多而一味贪婪索取，结果反而会失去自己原先所拥有的东西。

这样的人到最后总是竹篮打水一场空。所以说，欲望是无穷无尽的。

人应该知足。

承认和满足现状不失为一种自我解脱的方式，一个知足的人能保持一份淡然的心境，想问题、做事情就能够顺其自然，并乐在其中。

如果生命是一个容器，我们都不想、也不能让它空空如也。我们不停地往容器里放一些东西，想让生命饱满、充实，好像只有如此，才能证明我们的存在感。

然而，我们往往会忽视了这个容器的空间是有限的。我们不停地把抓到的东西往里塞，总有一天，容器会因此变得乱七八糟。

知足，就是要知道自己能拥有多少，然后量力而行。当感觉到生命已经到了无力承受之重的时候，我们就要放手。如此，即使诱惑纷至沓来，我们也能微笑着与它擦肩而过。

这样的生命，又怎能不轻松不快乐呢？一切只有经历过，才会懂得其中的奥秘。

第八章

不要让所谓的安稳害了自己

我不肯向这个世界投降

要善于为人生做减法

认得清自己，付得起代价

我只想过那 1 % 的生活

你要相信，没有到不了的明天

我不肯向这个世界投降

可以说，无论你是功成名就，还是正走在通向成功的路上，你都会有压力。

你是明星，你就要努力保持自己的形象，只怕因为一个疏忽，就失去了笼罩在头上闪亮的光环。你也会担心，有新的人物异军突起，把自己反衬得黯然无光。

你是渴望成功的寻常人，同样压力重重：眼看着到了月底，工作任务或目标还差一大截；父母年迈体弱，孩子年幼懵懂，家庭重担就这么沉甸甸地压在肩膀上；又或者，自己的生活质量，怎么总不如隔壁老王……

无论是公众人物，还是普通人，都需要面对各自的压力。

名人要想保住头上熠熠生辉的光环，就要付出常人无法想象的艰辛，顶住非同一般的重负。

而普通人也都有着各自的问题：柴米油盐、衣食住行。迷茫无措、不知未来在何处是众多年轻人面对残酷社会的真实写照；上有老、下有小的生存现实又常常压在中年人的肩上；守着空巢、无依无靠也是当今中国老年人的一大社会现状。

面对重重重压，我们该怎样选择？

如果你选择了硬挺硬扛或者默默承受，说不定有一天会被压得无力起身甚至粉身碎骨。然而，如果你选择了“疏散”，就会把万钧重压化于无形。

在工作和生活中，我们每个人都会面临一定的压力，甚至有时会感觉压力超出了自己所能承受的范围。

当出现这种情况时，该怎么办?

我们一定要学会排解压力，把注意力转移到其他方面，这样就能达到良好的减压效果。

下面是球王贝利的故事：

在足坛，球王贝利的大名无人不知，无人不晓。他曾运用娴熟的球技在足球场上连过数人，射门破网，然后高举右臂欢呼的样子，是留在无数球迷心中不可磨灭的印象。

有一次，一个记者问年轻的贝利：“在你看来，自己踢进的哪个球最精彩？”

贝利回答道：“下一个。”

后来，又有一个记者问他同样的问题，贝利还是充满自信地回答：“下一个。”

就这样，贝利在球场上不断做着自我超越，最终无可争议地坐上了球王的宝座。

退役后，贝利担任巴西的体育部长，在此职位上他同样做得游刃有余，以干练的工作作风、颇具风度的谈吐同样受到尊敬。

此外，贝利还以大胆预测足球比赛的胜负而出名，但是他的预测总是与事实相反，从而赢得了“乌鸦嘴”的名号。每当自己看好的球队失败时，他总是咧开嘴哈哈大笑，而球迷们也总是跟着他一起乐起来。

看上去，贝利是一个多么潇洒而自信的人啊！

可是，让时光倒退几十年，回到贝利的年轻时代，我们就会惊讶地发现，这位超级巨星曾经居然是一个自卑而胆小的人，这不得不让人觉得不可思议。

贝利的职业生涯，是从他进入巴西著名的桑托斯足球队开始的。

年纪轻轻就展现出不俗球技的他，当时被桑托斯足球队相中，要把他招入麾下。当得知这一消息后，贝利竟紧张得一夜未眠。

“我看上去是不是很呆呢？”他翻来覆去地想，“桑托斯的巨星们会笑话我吗？一旦发生那种尴尬的事情，我还怎么有脸回来见我的亲朋好友呢？”

他还想：“即便那些巨星愿意与我同场踢球，也不过是想以我的笨拙和愚昧，来反衬他们绝妙的球技罢了。如果在球场上，他们戏弄了我，然后把我当白痴一样打发回家，我该怎么办？”

这些无端的猜测和恐惧使贝利寝食难安，他觉得自己依靠球技而建立起的自信，正在一点点消失，甚至变得自卑和忧虑起来，时常沉湎于失败的幻想之中。

虽然，加入桑托斯队踢球是他一直以来的梦想，但当实现梦想的时刻一步步临近的时候，他竟然感到前所未有的巨大压力，以至于精神都要崩溃了。

但不管怎样，贝利还是来到了桑托斯足球队，战战兢兢地成为这支著名球队中的一员。

第一次训练时，他的紧张心情让他浑身打起了哆嗦。

贝利后来回忆说：“正式练球刚开始，我就吓得几乎要瘫痪了。”事实上，他的双腿像灌了铅一样沉重，甚至把滚到身边的球，都看成了别人击向他的拳头。

他以为自己作为新球员，不过是练练盘球、传球，然后再去当替补队员。谁知，教练很快就让他参加队内的训练赛，并且让他踢主力中锋的位置。

听了教练的安排，贝利的紧张达到了顶点！

可是出乎意料的是，当贝利硬着头皮走入场地，脚接触到足球的那一刻起，他发现自己的紧张情绪一下子就烟消云散了。

他迈开双腿在场上奔跑起来，习惯性地接球、盘球、传球、射门。渐渐地，他忘了自己是在跟谁踢球了，甚至都快忘了自己的存在。

在每次的训练赛上，他都表现得极为出色。

他发现，他原来以为会对自己充满敌意的足球明星们，其实对他都非常友好，不仅赞扬他的球技，而且连一点轻视的意思都没有。

从此之后，贝利就找到了一个排解压力的好方法：在一些重大比赛的前夕，每当感觉到有压力时，他就专注于足球，通过练球来排解压力。

这种保持好心态的方法，是贝利成功的一大关键。

是的，谁又能想到，叱咤风云的一代球王贝利，竟然也曾有过紧张到近乎崩溃的经历。现在看来，他当初所受到的精神煎熬，完全是自己强加给自己的。

一个人之所以会感到压力，很大程度上是因为他把自己看得太重，总在顾虑别人会如何看待自己，担心自己会给人留下不好的印象。这算是杞人忧天了。

其实，一个人只要专注于手上正在做的事情，往往就能保持泰然自若的心态，从而克服紧张的情绪。

有一个人，从某报业集团业务科辞职后自己做起生意，由于业务开展得非常顺利，他的心情总是很好，而且对事物总是保持乐观的看法。所以，无论客户、员工还是商业伙伴，都很喜欢他。

假如哪个同事心情不好，他总是十分耐心地告诉对方，应该怎样乐观地去看待事物。有时候，老同学问他近况如何，他总是这样回答："我现在挺好，我很喜欢我的工作。"

不管遇到什么困难和挫折，他都能够以乐观的心态去对待。这对于很多人来说，确实不是一件容易办到的事情。

有人向他取经："你的心态怎么这么好？难道遇到难缠的客户不会发脾气吗？"

他回答说："每天早上我一醒来就对自己说：你今天有两种选择——可以选择心情愉快，也可以选择心情不好。我选择了前者而已。"

"每次有糟糕的事发生时，我可以选择成为一个受害者，也可以选择从中学些经验。我选择了后者而已。"

"每次，有人跑到我面前诉苦或抱怨，我可以选择接受他们的抱怨，也可以选择指出事情的正面。我选择了后者而已。"

由此可见，当一个人积极主动地面对生活中的各种挫折时，再复杂的关系、再大的困难也都会变得易于化解。善于调整自己的心情，这样就会在人际交往中带给人最鲜活乐观的一面，所以这样的人往往给人战无不胜的印象。

当你负重前行感到精疲力竭的时候，请先停下来，调整一下状态，告诉自己：在这尘世间，除了生死，其他的事都不是什么大事儿。

绝不向这个世界投降，坚持做最好的自己！

要善于为人生做减法

有人在知乎上提问：做哪些事情可以提升生活的品质？下面有一条神回复是：定期扔东西！

这几个简单扼要的字，为我们阐明了一个道理：只有懂得并学会为人生做减法，脱离对物质的执着，心灵才会获得自由。及时剔除生命中不该承受的负荷，才能获得轻盈而灵动的人生。

丽萍家有一套一百多平方米的房子，平时只有一家三口住，搬进这个新家的时候，她陆陆续续添置了不少东西。

近日，当她给10岁的儿子买来钢琴时，却发现这个才一米多长的大物件在家中竟然无处安放。而且，弹琴需要光线，但客厅的飘窗前早已被沙发“盘踞”了。

丽萍和丈夫把客厅里的家具来回挪移，倒腾了半天可还是那么大面积，钢琴仍然放不下。扔掉沙发吧，才买了两三年，觉得可惜；丢掉座钟吧，那可是花了好几千块钱买的，也舍不得。

丽萍此时不禁感慨：怎么家里这么多东西呢？她只好请来做设计师的朋友林林出谋划策。

林林的建议很简单，就是用减法：丢掉一节多余的沙发，儿子弹钢琴时可以把凳子摆在原来摆放沙发的位置，平时则可以在那里放几个可以坐的地垫。因为正对着电视的沙发足够他们一家三口用了，所以沙发拐过去的那段也纯属多余。

林林的“减法”建议让丽萍拍手叫绝，想想自己当初买沙发的时候，根本就没有考虑够用不够用的问题，而是完全根据客厅的尺寸定做的。

其实，何止是丽萍，相信很多人都曾有这样冲动消费的经历：电视要买两台——客厅放一台，卧室放一台，而且屏幕要足够大；出去吃饭，点菜一定要点得超量，免得别人说自己抠门儿；电脑定期要更新一次，硬盘、内存不断扩充；买了一件又一件漂亮的衣服，还是抑制不住再买的欲望……

但是，你静下来想一想，真正有必要的东西又有多少呢？倒不如把没必要的减去，做做减法，这样省钱又省力。

李小姐一向热心公益活动，几天前突然降温，她赶紧把自己过冬的棉衣翻了出来，连同因为款式不够流行而在箱底压了一年的衣服打包，寄给了四川地震灾区的孩子。

“这些衣服放着不会再穿了，扔掉也很可惜，而且放在箱子里又占空间，其实灾区的孩子更需要这些。我给出了对自己来说无用的东西，获得了心灵的快乐，而灾区的孩子因此获得了温暖，这是双重的快乐，多好啊！”有过灾区志愿者经验的李小姐，已经连续两年给灾区的孩子寄过衣服。

方华在辞职的前一天办理例行的离职手续时，把电脑、文具等还给了公司。他发现，工作了几年，积累了两万多封公司邮件，以及内存 20G 的相关业务资料，还有几袋个人物品。

这些东西，他一直舍不得删除和丢弃，因为他觉得其中一些东西还会有用。但是在整理的时候才发现，70% 以上的邮件和资料，他根本没有看过。

离开之前，他把这些曾经被他当作宝贝的邮件和资料一股脑地彻底删除了。

所以，让“减”成为一种生活哲学吧。

我们来到人世间时本就一无所有，一切为零，但是随着时光的流逝，我们为人生不断地做着加法：加入亲情的浸润，加入智慧的光芒，加入品格的力量。再过一段时间，还会加上多余的物质，奢侈的欲望……

就这样，我们拥有的东西越来越多，而为了这些多余的物质，自己逼得忙得团团转。

在生命的考卷上，只有能娴熟地运用正确的运算法则，才能顺利解出正确答案。

我们却往往只擅长加法，对减法几乎是疏于运用。这大概是因为，我们都心存贪念，总想拥有更多的东西，同时也是因为舍不得放弃历经艰辛才得到的东西——不管它对我们还有没有价值。

这样做的结果是，我们只能负重前行。而总有一天，我们会感觉不堪重负。

学会做减法，减掉生命的负累，我们才能轻轻松松赶路，也才有欣赏风景的时间和心情。

挑一个明媚的日子，从减掉房间里不用的物品开始，直到把那些困扰我们精神的负面情绪都减掉，就会让心灵获得平静和从容。

这样你会发现，我们的生命，忽然变得宽敞而明亮！

认得清自己，付得起代价

情绪是人对客观事物或内外刺激能否满足或符合人的需要、愿望、观念而产生的心理反应或心理体验。

情绪分两种：消极的和积极的。

大凡恐惧、仇恨、愤怒、贪婪、嫉妒、报复、忧伤之类的情绪都属于消极的情绪，而积极的情绪阵营中则包括我们经常提及的爱、希望、信心、同情、乐观、忠诚、快乐等。

我们所说的控制情绪，就是抑制消极情绪的产生，或者把正在滋长的负面情绪疏散或消化掉，避免消极情绪为生活带来负面作用。控制情绪，同时也是让我们能用心经营积极情绪，让积极情绪为生活增光添彩。

根据美国密歇根大学心理学家南迪·内森的一项研究发现，常人在一生中平均有近三分之一的时间处于情绪不佳（消极情绪）的状态。

消极情绪对我们的健康危害很大。

科学家们发现，经常发怒和充满敌意的人更可能罹患心脏病。哈佛大学曾调查了1600名心脏病患者，发现他们当中经常焦虑、抑郁的人和脾气暴躁者，比普通人多三倍。

因此，我们一定要想方设法地与那些消极情绪做斗争。

生活中，我们必须做的就是，不能让自己成为情绪的奴隶，不能让那些消极的心境左右我们的生活。

可以毫不夸张地说，学会控制自己的情绪，是生活中的一件大事。因为，消极情绪不仅仅会危害我们的身体健康，也会对我们的工作、学习、人际交往产生不良影响，甚至，我们的命运也会因为消极情绪而毁于一旦。

在美国得克萨斯州，有一个小女孩叫蒂亚，她的父亲买了一辆越野车。父亲非常喜欢这辆车，总是为它做精心保养，以保持它的整洁美观。

一天，蒂亚拿着硬物在越野车上留下了很多刮痕。父亲盛怒之下，用铁丝把她的手绑了起来，然后吊起她的手，让她在车库前罚站。

两个小时后，当父亲平静下来回到车库时，他看到女儿的手已经被铁丝绑得血液不通了。

父亲把蒂亚送到急诊室时，她的手已经坏死，医生说，如果不截肢的话情况非常危险，甚至可能会危害到她的生命。

蒂亚就这样失去了一双手，但是她不懂，到底发生了什么事……

父亲的愧疚可想而知。

大约半年后，父亲把越野车重新烤漆，它又像全新的一样了。当他把车开回家，蒂亚看着完好如初的越野车，天真地对父亲说：“爸爸，你的越野车好漂亮哟，看起来就像是新的。但是，你什么时候能把我的手还给我？”

不堪愧疚折磨的父亲终于崩溃，最后自杀了。

这一场人间悲剧，只是因为父亲没能控制住自己的一次情绪而引发的。

在2006年德国世界杯的决赛场上，世界足坛的优秀球员齐达内也同样是因为没能控制好情绪，愤然一头撞向对方球员而被罚下场，在自己足球生涯的最后时刻留下了遗憾的一笔。

所以，人们说，齐达内只差一头就完美。

控制情绪至关重要，同时也很难。控制情绪是一种很高的内在修养，也是一门艺术。

我们应该对各种情绪持有警觉意识，并且视其对心态的影响是好是坏而接受或拒绝：积极的，我们就接受；消极的，我们就拒绝。并且要时常提醒自己，情绪是你的人生成功或失败的关键所在。

弱者任情绪控制行为，强者让行为控制情绪。

下面我们来看这样一则小故事：约翰森是一名普通的汽车修理工，他的生活虽然勉强过得去，但离自己的理想还差很远——他希望能够换一份待遇更好的工作。

有一次，约翰森听说底特律一家汽车维修公司在招工，便决定去试一试。他于星期日下午到达底特律，面试时间是下周星期一。

约翰森吃过晚饭，独自坐在旅馆的房间中想了很多，把自己经历过的事情都在脑海中回忆了一遍。突然，他感到一种莫名的烦恼：自己并不是一个智商低下的人，可是为什么至今依然一事无成，毫无出息?

约翰森取出纸笔，写下了自己认识多年，工作比自己好、薪水比自己高的四位朋友的名字。其中两位曾是他的邻居，已经搬到高级住宅区去了；另外两位是他以前的老板。

他扪心自问：与这四个人相比，除了工作以外，自己还有什么地方不如他们呢？是聪明才智吗？凭良心说，他们实在不比自己高明多少。

约翰森反思了好长时间，终于悟出了问题的症结——是自己性格和情绪的缺陷。在这方面，他不得不承认，自己比他们差了一大截。

虽然已是深夜三点钟了，但约翰森的头脑却出奇地清醒。他觉得自己第一次看清了自己，发现过去很多时候自己都不能控制自己的情绪，例如易冲动、自卑，不能平等地与人交往，等等。

整个晚上，约翰森都静静地坐在那儿进行自我检讨。

约翰森发现，自从懂事以来，自己就是一个极不自信、妄自菲薄、不思进取、得过且过的人——他总是认为自己无法成功，也从不认为自己的性格缺陷能够改变。

于是，他痛下决心：自此以后，决不再有不如别人的想法，决不再自贬身价，而且一定要完善自己的情绪和性格，弥补自己在这方面的不足。

第二天早晨，约翰森满怀自信地前去面试，并顺利地被录用了。在他看来，他之所以能得到这份工作，与前一晚的感悟以及重新树立起的自信有着极为密切的因果关系。

在底特律工作了两年后，约翰森逐渐树立起了好名声——人人都认为他是一个乐观、机智、主动、热情的人。

后来在经济不景气时，每个人的情绪都受到了考验，很多人都倒在了情绪崩溃的边缘，而此时约翰森却成了同行业中少数有生意可做的人之一。

公司进行重组时，约翰森得到了可观的股份，并且薪水也涨了不少。

这个故事告诉我们一个道理：成功首先来自于情绪的完善，而非才能。因为，倘若没有稳定的情绪，自己的才能将很难得到很好的发挥。

在这个世界上，成功的“天才”太少，而被宠坏了的“天才”却太多。

很多有才能的人，往往对自己的才能过于自负，而忽略了对情商的培养。他们不善与人沟通，在面对人生的困境时，不能有效控制自己的情绪，遇到不顺心就抱怨自己“怀才不遇”，结果落得个一事无成。

那么，在现实生活中，我们怎样才能控制好情绪，让生活充满幸福和欢乐呢？

（1）选择美好的画面

调节情绪与掌握相机镜头是一样的：如果你把镜头对准垃圾，就会留下垃圾的画面；如果你把镜头对准鲜花，就会留下鲜花的画面。

情绪也是如此，倘若你总是看消极的方面，就会产生灰色的情绪；如果总选择美好的画面，你的生活就会充满阳光。

（2）适当地宣泄情绪

当委屈、忧愁、牢骚或怨恨袭来时，可以找知心朋友倾诉，释放一下自己的情绪。有时候，情绪一旦宣泄出来，就烟消云散了。

（3）让苛求走开

现代人对自己的要求越来越高，对他人的要求也越来越高，这就容易导致对自己和对外界环境的不满——这是一种苛求行为。我们要理性地看待自己，恰当地选择自己的生活。

（4）换一个角度看问题

所有的绊脚石都是垫脚石，就看你怎么运用它。

痛苦能教导我们某些事情，使我们学到在安逸状态下学不到的东西。痛苦能帮我们克服困难，发现自身潜在的力量。强者善于运用失败与挫折的创痛，使其转化为成功的动力。

在每个人的心里，都住着一个可爱的小天使，也住着一个可恶的小怪兽：小天使是正面情绪的化身，她善良、温柔、阳光、可爱，充满积极上进的力量；小怪兽则代表我们所有的负面情绪，比如愤怒、焦虑、仇恨、懦弱等，浑身上下弥漫着邪恶的味道。

“人之初，性本善。”这说明，小天使在我们的心里占着主导位置。但是，小怪兽总是虎视眈眈，想趁机而起，一显魔力。

情绪管理，就是要控制好我们心里的小怪兽，让它没有伺机作乱的机会，从而让小天使充满活力，使生命洋溢平和的光芒。

一个成熟的人，要认得清自己，付得起代价。只要我们有控制情绪的能力，那么人生就能尽在掌握之中了！

我只想过那1%的生活

烦恼是疯长的杂草，能荒芜生命的原野——我们只有及时除掉杂草，才能让生命的原野开满鲜花，绽放成芬芳的花的海洋。

俗话说“世上本无事，庸人自扰之”，很多时候，世事并不像人们想象的那样糟糕。其实，有些事情本不值一提，有的人却把它当成无法排遣的烦恼而郁闷在心，以至于整天愁眉不展。

这说明，我们人生的很多烦恼都是自找的，如果我们想让日子越过越好，就应该丢掉烦恼。

哈佛大学的一位心理学教授为了研究人们常常忧虑的烦恼问题，做了一场很有意思的实验。这名教授要求参与实验的人在一个周日的晚上把自己未来一周内所有忧虑的烦恼都写下来，然后投到一个指定的“烦恼箱”里。

过了几天，这名教授打开了这个“烦恼箱”，让所有实验者逐一核对自己写下的每项烦恼。

结果发现，其中九成的烦恼并未真正发生。然后，教授要求实验者将记录了自己真正烦恼的字条重新投入“烦恼箱”。

又过了几天，教授打开这个“烦恼箱”，让所有实验者再次逐一核对自己写下的每项烦恼。结果发现，绝大多数曾经的烦恼，已经不再是烦恼了。

烦恼这东西，人们预想的会有很多，而实际出现的却很少。

这名教授从中得出这样一个结论：一般人所忧虑的烦恼，有40% 是属于过去的，有 50% 是属于未来的，只有 10% 是属于现在的。其中，92% 的烦恼未发生过，剩下的 8% 则多是可以轻易应付的。

因此，烦恼多是自找的。这就是所谓的“烦恼不寻人，人自寻烦恼”。

从前有一个和尚，每次坐禅都觉得有一只大蜘蛛跟他捣蛋，无论怎样，他都无法将它赶走。

他把这件事告诉了师父。

师父让他下次坐禅时拿一支笔，等蜘蛛来了，在它身上画个记号，看它来自什么地方。和尚照办了，在蜘蛛身上画了一个圆圈。蜘蛛走后，他安然入定了。

当和尚做完功课，睁开眼睛一看，那个圆圈原来就画在自己的肚皮上。

由此可知，我们推给他人或外物的过失，有一些毛病竟在自己身上。

当然，这种来自自身的困扰，我们往往不易察觉，更难以用笔圈定。

几位分别了多年的同学相约去拜访大学时的恩师，久别重逢，师生们都感到很高兴，然后老师关切地问学生们生活得怎么样。

不料，一句普通的问话却勾起了学生们的满腹牢骚，大家纷纷诉说着自己的不如意：生活烦恼多，工作压力大，做生意的商场失利，当官的仕途受阻，结婚的婚姻乏味，未婚的难觅知音……仿佛所有人都成了命运的弃儿。

老师没有说话，只是从厨房拿出一大堆杯子摆在茶几上，让大家自己倒水喝。杯子很多，形态各异，有陶瓷的，有玻璃的，有塑料的。有的杯子看起来豪华而昂贵，有的则显得普通而简陋……

大家说了半天，也确实口干舌燥了，便纷纷拿起自己看中的杯子倒水喝。

等所有人手里都端了一杯水时，老师指着茶几上剩下的杯子说："你们有没有发现，你们手里拿的杯子都是最好看、最别致的，而没有人选剩下的这些塑料杯。"

大家听了都面面相觑，不知道老师葫芦里卖的到底是什么药。

老师终于揭开了谜底："这就是烦恼的根源：你们需要的是水，而非杯子，但你们有意无意地会去选择漂亮的杯子……"

"这就如同我们的生活——假如生活是水的话，那么，工作、金钱、地位这些东西就是我们手中的杯子，它们只是我们盛起生活之水的工具。"一个同学若有所悟地说。

"其实，杯子的好坏，并不影响水的质量。倘若一味地将心思放在杯子上，大家哪有心情去品尝水的味道，这不就是自寻烦恼吗？”又有一位同学也恍然大悟。

接着，大家都沉默不语，老师的脸上露出了会心的微笑。

每个人的人生都不可能是一片坦途，都会有这样那样的烦恼，其实，这些烦恼都是我们自找的。一个浮躁的人，总是会喜欢自寻烦恼。而一个聪明的人，则会主动消除烦恼。

我们可以寻找甜蜜的爱情，寻找美好的生活，但千万不要自寻烦恼。实际上，只要我们把烦恼挡在生活的大门之外，那么它就永远不会进入我们的心灵。

生活中不可能没有烦恼，但让我们受害更深的，通常是自寻烦恼。在生活中，很多人常常用种种精神的刑具来折磨自己，常常怀着各种杞人忧天和不祥的预感，在有意无意地为自己寻找着烦恼。

很多人会陷在烦恼的泥潭里不能自拔，而懂得排遣烦恼的智者，则能泰然处之。

那么，到底应该怎样做才能化解内心的烦恼呢？

（1）减少不切实际的欲望

人的欲望，通常是烦恼的根源。

越不切合实际的欲望，越是额外的欲望，因此，随之产生的烦恼也就会越多。所以，如果你将那些不切实际的欲望消灭掉，就会减少很多烦恼。

（2）顺其自然

王安石有诗云：“春日春风有时好，春日春风有时恶。不得春风花不开，花开又被风吹落。”生活中的人和事，就像诗中的“春风”一样，让你欢喜让你忧。

顺其自然，不失为一种聪明的做法。

（3）学会宽容

有的人虽然懂得人无完人的道理，但对任何人、任何事仍然力求完美，绝不允许出现一点点小错误。

我们应该学会宽容，能够容忍他人的过错。

（4）保持一颗童心

童心纯洁，可以安抚浮躁的心灵；童心灿烂，可以映照生活的美丽。

人的一生是短暂的，不要再让琐碎的烦恼浪费我们宝贵的时间，不要再让小事绊住我们前进的脚步。保持一颗童心，能让生活中的烦恼都随风飘散。

生活是一面魔镜，它能照到你的内心深处——你的内心是什么样，你的生活就是什么样。

如果你的内心开满了平和喜悦的花朵，那你的生活就是温馨明媚、澄澈晴好的。

如果你的内心长满了纷乱芜杂的荒草，那你的生活只会被烦恼包围，最终乱成一团糟。

而很多时候，我们明明渴望让生活充满花朵的芬芳，却一直埋头在心里种植烦恼的荒草。这就是自寻烦恼，事与愿违。

不要跟自己过不去，让我们努力除掉心田的那些杂草，确保花朵有足够的空间肆意绽放，这样，你的那 1% 的生活才会更精彩！

你要相信，没有到不了的明天

有个老太太生有两个女儿，女儿长大嫁人后，一个开洗衣店，一个开伞店。刚开始，老太太每天都很难过：晴天，担心开伞店的女儿生意不好；阴天，担心开洗衣店的女儿晒不干衣服。

后来有人劝慰老太太：你好福气，下雨天，你开伞店的女儿生意好，该高兴；好天气，你开洗衣店的女儿的衣服干得快，也该高兴。对你来说，哪一天都是好日子呀。

老太太想一想，也真是这样。从此以后，老太太每天就都很开心。

你看，快乐和痛苦之间，只是一念之差。

生命的天空也是变幻莫测，谁也不能保证自己一生都不会遭遇风雨。重要的是，无论遇到怎样的坏天气，我们都要有个好心情。

小薇失恋了，悲伤和痛苦笼罩着她。她坐在公园的一角暗自落泪，觉得这个世界暗无天日，任朋友们怎么劝都无济于事。

一位老人路过这里，听了她的故事，对她说：“孩子，你不过损失了一个不爱你的人，而他损失的却是一个爱他的人。说到底，他的损失比你大，该伤心的是他才对啊！”

小薇听后，觉得有道理，心情便渐渐开朗起来。

其实，很多人在置身悲伤之中的时候，知道心情可以改变，但是不知道怎么去改变。很多时候，同一件事换一个角度去看，心情就会因此而不同。

让天气牵着心情走和不能让天气左右心情，是两种典型的心态：前者是消极的悲观主义；后者是积极的乐观主义。

如果你一直让消极的心态左右你，那么就算你中了500万元的彩票，你也会因为忧心忡忡而郁郁寡欢——因为你害怕中奖之后，有人会觊觎你的钱财，进而对你采取不利的行动。

事情的好坏，是由你选择面对事情的态度来决定的。

看过电影《监狱风云》的人，对那位名叫亨利的男子一定有非常深刻印象。

亨利被误判入狱，所有狱官都看他不顺眼，常常找他麻烦。他却没有大喊冤枉，而是始终保持着一份快乐的心情。

有一次，狱官用手铐将亨利吊了起来。几天之后，他竟然还一脸笑容地对狱官说："谢谢你们治好了我的背痛。"

之后，狱官又将亨利关进一个日晒严重、高温难耐的锡箱中。但是当他们放亨利出来时，亨利却央求道："喔，拜托再让我待一天，我正开始觉得有趣呢。"

最后，狱官将亨利和一个体重100多公斤的杀人犯古斯博士一同关进了一间小密室。

古斯博士的凶恶在狱中十分有名，就是很多凶狠的犯人也都像躲避瘟疫一般躲着他。然而当狱官回来时，却看见古斯博士和亨利一起坐在地上大笑着玩牌，他们惊讶得不得了。

其实，亨利只不过是选择了快乐作为自己的守护神，而没有让自己的情绪受外在的事物影响罢了。

有些人即便在晴朗的天气里，也会为明天天气的好坏而忧虑。而有些人却能在乌云密布的天空中，想象到风雨之后的美丽彩虹。

事实上，每一件事物都有它另外的一面，人们的眼睛所及之处，看到的并非是事物的全部。大多数情况下，你要寻求什么，你的眼睛就会看见什么。

正如你在心情沮丧的时候，绝对不会注意到阳光明媚；而在心情愉快的时候，就算是听到嘈杂声也会把它想象成悦耳的音乐。可见，心情的好坏，完全取决于你的心态，而不是其他外界因素。

李佳大学毕业后被分配到了一个偏远的山区当教师，那里不仅条件差，工资更是少得可怜。

其实，李佳上大学时成绩不错，擅长写作，还曾担任过学校文学社的社长。现在被分到这样一个小地方，她整天愤愤不平，对工作没有任何热情，连一向爱好的写作也渐渐对它失去了兴趣。

她整天琢磨着“跳槽”，幻想能调到一个好的工作环境，拿到一份优厚的报酬。

两年过去了，李佳的工作没有任何起色，写作也荒废了，她因此而变得更加郁郁寡欢。

有一天，学校开运动会，附近的村民都来观看，小小的操场被围得水泄不通。李佳来晚了，站在后面，踮起脚也看不到里面热闹的情景。

这时，身旁一个很矮的小男孩吸引了她的视线：只见他一趟趟地从远处搬来砖头，在那拥挤的人墙后面，耐心地垒着台子，一层又一层，足足垒了半米多高，他才登了上去，还冲李佳一笑，掩饰不住的是喜悦和自豪。

刹那间，李佳的心被震了一下：自己只是站在外面唉声叹气，抱怨自己来晚了，而那个小男孩却懂得垒一个台子，改变自己的高度去欣赏比赛。

自己一直在抱怨工作的地方多么差劲，却不曾想到去改变自己，她为自己以前的做法感到惭愧。

从此以后，李佳满怀激情地投入到工作中去了，踏踏实实，一步一个脚印。很快，她便成了远近闻名的教学能手，而她编辑的各类教材接连出版，各种令人羡慕的荣誉纷至沓来。

两年后，李佳被调到自己颇向往的一所中专任职。

自然规律告诉我们：物竞天择，适者生存。只有不断调整自身去适应环境，人才能获得巨大发展。

我们不是神，只是凡夫俗子，所以不能一下子就改变生存环境。那么，不能改变环境，就要改变自己：我们不能让外面的雨停止，那就带上伞出门；前面的路因为某种原因不能通行，那就绕道走。

在李开复的人生历程中，他也曾遇到过失意和沮丧。每当这时，他都会鼓励自己从不同的角度去看待问题，他曾说："用勇气改变可以改变的事情，用胸怀接受不能改变的事情。"

其实，这就是换一种思考问题的角度。倘若我们能够做到这一点，相信生命中的失意和沮丧会少很多。

有这样一个故事：一位长者问一个年轻人："有两个人同时掉进了烟囱里，他们爬出来后，一个满身脏兮兮的，一个相对比较干净，请问，谁会先去洗澡呢？"

年轻人不假思索地说："当然是全身脏兮兮的那个人！"

长者摇头说："你错了，那个全身脏兮兮的人看着相对干净的人心想：我身上一定也是干净的。而那个相对干净的人看着全身脏兮兮的人心想：我身上一定也是脏兮兮的。所以，身上干净的人会先去洗澡！"

长者接着问："后来他们又从烟囱里掉了下去，出来后谁会先去洗澡呢？"

年轻人赶忙回答："那个干净的人！"

长者又摇头说："你又错了！那个相对干净的人上次洗澡时，发现自己并不脏；而那个满身脏兮兮的人则相反，他明白了，那位干净的人为什么要洗澡，所以这次他首先跑去洗澡了。"

长者再问："第三次他们又从烟囱掉了下去，出来后谁会先去洗澡呢？"

年轻人说："那个全身脏兮兮的人会先去洗澡。"

长者说："还是不对！两个人掉进同一个烟囱里，怎么会一个全身干净，而另外一个全身脏兮兮的呢？"

的确，要想把问题看清看透，就要跳出思维的惯性，避开思维的惰性，换一个角度去思考。

当你思考时，不妨"避开大路，潜入小径"。也就是说，有时候你完全可以换个角度去看问题，而不是一味地按照大多数人的思维角度去思考——你可以把眼光转向那些不被人重视的角落。

同样，当你遇到不如意的事情时，也可以转换思维的角度。比如，你上班迟到了，领导扣你的钱——从不好的方面讲，你的钱被扣了；可从好的方面来讲，你可能因此会改掉迟到的毛病。

人们常说：角度决定高度。决定你人生高度的，不只是你的学历、背景、资历、经验，还有你看问题、思考问题的角度。

世界本身是没有问题的，障碍是由你的主观观念造成的。成功者之所以成功的最大秘诀在于，他们总是能用不同于常人的视角审视生活中的任何一个细节，使自己分析、判断、解决问题的能力达到非常人所及的高度。

我们无法改变这个世界，但是，我们可以改变看待世界的眼光——我们的态度，可以改变世界在我们眼里的样子。

天气总是阴晴不定，从来都是几日风雨几日晴。如果我们心里有一片永远的艳阳天，即使在淫雨霏霏的日子，我们也可以活得明亮灿烂。

乐观的心情、积极的态度、睿智的思想，这些就是我们心里的阳光，它能让我们的生命永远明媚不忧伤！

第九章

我只过无比正确的生活

青春就应该生猛一些

我不将就这个功利的世界

等待，一定是因为看见了机会

选一种姿态，让自己活得无可替代

选择你所能承受的路走下去

青春就应该生猛一些

在青春的旅程中，谁能不走弯路呢？长辈让我们向东，我们偏要拧着脖子改变走向，不撞南墙不回头，结果只能顶着一脑袋的包灰溜溜地回到原点。

年轻时，工作好像都是钱少事多离家远，于是我们像跳蚤一样来回跳槽。结果却发现，自己还是没有找到合适的工作。而以前坐在对面的同事，如今已经坐到了部门经理的位置。

曾经死心塌地喜欢一个人，却没有勇气表白，只是装作普通朋友的样子。直到某天无意间得知，你喜欢她的时候，她也刚好喜欢你，只是时过境迁，现在再说喜欢已毫无意义……

我们都曾年少轻狂，唯我独尊，走错了一些路，错过了一些人。

自己选的路，谁也无法替你走。但是未来总还在，梦想还在前方，一切都还来得及。

在青春的弯路中，为了梦想而多走的那几步路，你的印象会最为深刻。所谓梦想，就是必须历经坎坷才能实现的目标。你所走过的弯路，都是为了接近目标而必须付出的努力和尝试——你的青春，会因此而熠熠生辉。

在化妆品行业里，很少有人会不知道刘芸秀和李礼这两个名字的，这两朵姊妹花多年来一直效力于法意公司。这家公司先后作为纪梵希、范思哲、幽兰、安娜苏等国际知名化妆品品牌的中国地区总代理，曾经在进口化妆品市场中独霸一方。

刘芸秀和李礼的名字也总是一起出现，一个是市场部总监，一个是销售部总监，她们曾为那些知名化妆品品牌在中国的推广创下了不凡的战绩。

这两个女孩都出生于20世纪70年代，受过良好的高等教育。可是，在这个世界上，任何美好事物的背后都不像表面那么光鲜。

刚出道时，刘芸秀一身学生气，提着满满一箱样品去拜访北京各大百货商场的化妆品经理，她曾被不分青红皂白地骂出门去："外语系毕业的小姑娘，不去外企大公司，跑到这儿来卖什么化妆品？也不怕掉价儿……"

李礼也历经了一番曲折：为了帮公司争取到优惠的合作条件，她曾在烈日炎炎下的马路上坐了六个多小时，才把商场业务主管等来。

但刘芸秀和李礼是幸运的，至少她们选择了一项自己热爱的职业，并为之努力。

"你不知道刚开始有多苦。"刘芸秀说，"我们根本没有休息日，白天盯销售，晚上盘库存。常常是商场一开门就冲进去，晚上关门后才出来。整日和销售员一起站着，做促销，搞活动。我们之所以可以坚持下来，就是因为从来没有把自己摆得过高。因为我相信，只有努力从底层做起的人，才能稳扎稳打，能上能下。"

无法想象，这两个漂亮的女孩子曾在相当长的一段时间里，在一间没有空调、暖气，没有卫生间的简陋库房里工作，而成箱的货品都是她们自己从一级级台阶搬上搬下。那时真的是困难到了极致，但她们还是坚持了下来。

无论是在职业的选择中，还是在工作和劳动中，很多成功者都是历经了许多磨难与挫折才达成最终的目标的。

其实，那些身处逆境的人，他们没有良好的条件，也没有捷径可走，靠的就是坚持不懈而获取成功的。

他在8岁那年，曾意外遭遇一场爆炸事故，致使双腿严重受伤。医生曾断言他此生再也无法行走，然而，他并没有哭泣，而是大声宣誓："我一定要站起来！"

他在床上躺了两个月之后，便尝试着下床了。他总是背着父母，拄着父亲为他做的那两根小拐杖在房间里挪动。钻心的疼痛曾把他一次次击倒，让他跌得遍体鳞伤，但他毫不在乎，因为他坚信：自己一定可以重新站起来！

几个月后，他的两条伤腿可以慢慢屈伸了。他在心底默默为自己欢呼："我可以站起来了！我可以站起来了！"

他又想起了离家两英里外的一个湖泊，他喜欢那儿的蓝天碧水和小伙伴。

他一心向往着湖泊，于是更加顽强地锻炼着自己。两年后，他凭借自己的坚韧和毅力，走到了湖边。此后，他又开始练习跑步，把农场上的牛马作为追逐的对象，数年如一日，无论寒暑都不放弃。

后来，他的双腿就这样奇迹般地强壮起来了。再后来，他通过不断的挑战，成了美国历史上有名的长跑运动员。

他就是美国体育史上伟大的长跑选手——格连·康宁罕。

两点之间，直线最短。但是，这只是一个数学定义。

走向成功的路，从来都没有直线。通向成功的路，总是百转千回、绕来绕去。

年轻的人们啊，不要惧怕路途坎坷而遥远。当我们脚底磨出层层厚茧，我们终究会走出人生的辉煌。而当我们终于抵达目标回首翘望的时候，我们会由衷地感谢那些曾经走过的弯路。

在弯路上，我们无数次跌倒与爬起，但也会看到旖旎的风景。所有这些，都是我们的成长历程。

青春就应该生猛一些，这样，我们的生命也会因此而变得丰盛和厚重！

我不将就这个功利的世界

生活是一首交响乐，每个人都想把属于自己的乐章演绎得精彩而动听。有时候，我们会因为外界的干扰而打乱自己的节奏，最终曲不成曲、调不成调。

在充满嘈杂的生活中，我们要认清自己，给自己一个正确的定位。这样，无论别人是为你涂脂抹粉，还是把你丑化歪曲，你都能做到岿然不动，你会坚定地告诉自己：你们说的那不是我，我知道自己是什么样子！我知道自己想要什么！我知道自己要到哪里去！

有这么一个故事：一个老头儿准备把自家的一头驴牵到集市上卖掉，于是他一手牵着驴，一手拉着孙子出发了。

走着走着，他就听路边的人说："你看这个老头儿真傻，有驴不骑，反而自己牵着孩子走路。"于是老头儿便让孙子骑上了驴，自己继续牵着驴走。

走着走着，他又听旁边的人说："这个小孩太霸道了，自己骑在驴上，却让老人走路。"于是老头儿便让孙子下来，自己骑了上去。

走了不大一会儿，旁边有人又说："你看这个小孩子多可怜呀，老头儿怎么这么狠心——自己骑驴，让小孩走路？"

老头儿一听，便把孙子抱到了驴背上，爷孙俩一起骑着驴往前走。

又走了一段路，旁边有人说："这头驴真可怜，竟然驮着两个人走路，他们也太冷漠了。"

老头儿一听，便和孙子一齐下来，用绳子绑紧驴后，将驴抬着走。在过一座桥时，驴因不停地挣扎，扑通一声掉进了河里。

最后爷孙俩只能眼睁睁地看着驴被河水冲走，悻悻而归。他们不仅没有卖成驴得到钱，还白费了力气。

老头儿一路上不停地变化着赶路的方式，是因听到了路人的闲话。其实，他赶路的方式完全应由自己来决定，根本不应听从他人的流言蜚语。

"走自己的路"，他没有做到；"让别人说去吧"，他更没有做到。他就这样生活在别人的言语之中，没有自己的一丁点儿主见，完全依靠别人而生活。

这种人在当今社会上依然存在，他们的一般结果，就像故事中的那个老头儿一样，最后终会一无所获。

走自己的路，让别人说去吧。能做到这点的人，最后都成功了，这是因为他们的命运掌握在自己手中，而不会落到别人手里。

如果故事中的老头儿变一个样，一路上始终不因别人的闲话所动，持续着自己的赶路方式，或许他和孙子早已到达集市，并且驴也会卖个好价钱，最后高高兴兴地回家去。

我坚信，这个皆大欢喜的结局会更受欢迎。

1842 年 3 月，在百老汇的社会图书馆里，著名作家爱默生的演讲鼓舞了年轻的惠特曼：“谁说我们美国没有自己的诗篇呢？我们的诗人文豪就在这儿呢！”

这位身材高大的大文豪，一席慷慨激昂、振奋人心的讲话，使台下的惠特曼激动不已——热血在他的胸中沸腾，他浑身升腾起一股无比坚定的力量和信念：他要渗入各个领域、各个阶层、各种生活方式；他要倾听大地的、人民的、民族的心声，然后去创作不同凡响的诗篇。

1854 年，惠特曼的《草叶集》问世了。

这本诗集热情奔放，冲破了传统格律的束缚，用新的形式表达出了民主思想和对种族压迫的强烈抗议，对美国和欧洲诗歌的发展产生了巨大的影响。

《草叶集》的出版，使爱默生激动不已，他给予这些诗以极高的评价，称这些诗是“属于美国的诗”“是奇妙的、有着无法形容的魔力”“有可怕的眼睛和水牛的精神”。

《草叶集》受到爱默生这位大作家的褒扬，使得一些本来把它评价得一无是处的报刊马上换了口吻，变得温和了起来。

但是，惠特曼那创新的写法，不押韵的格式，新颖的思想内容，并非那么容易被大众所接受——他的《草叶集》并未因爱默生的赞扬而畅销。

然而，惠特曼却从此增添了信心和勇气。1855 年底，他出版了第二版《草叶集》，在这版中他又加进了 20 首新作。

1860 年，当惠特曼决定发行第三版《草叶集》，并补进些新作时，爱默生竭力劝阻他删除其中几首刻画“性”的诗歌，否则第三版将不会畅销。

惠特曼却不以为然地对爱默生说：“那么删后还会是这么好的书吗？”

爱默生反驳说：“我没说‘还’是本好书，我说删了就是本好书！”

执着的惠特曼仍不肯让步，他对爱默生表示：“在我灵魂深处，我的意念不服从任何束缚，而是坚定地走自己的路。《草叶集》是不会被删改的，任由它自己繁荣和枯萎吧！”

他又说：“世上最脏的书就是被删减过的书，删减意味着妥协、投降……”

第三版《草叶集》出版后，获得了巨大的成功。不久，它便跨越国界传到英国，传到世界许多地方。

爱默生后来说：“偏见常常会扼杀很有希望的幼苗。”为了避免自己被“扼杀”，只要看准了方向，就要充满自信，坚持走自己的路。

要想成功，就必须有主见。

无论别人怎么说，你都要坚持走自己的路，绝不让别人的评价妨碍自己前行，你要随时都能够从一些模糊的、纷杂的障碍中跨过去，始终沿着自己认定的方向前进。

在职场中，你的态度决定着你的一切。

我们无法左右别人的看法与观点，但我们可以坚定自己的信念，可以选择自己的做法。

对于别人的评价，我们可以作为参考，以接纳的胸怀和谦虚的态度从中汲取有价值的营养，但我们绝不能因此而动摇自己的原则与决心。

身在职场，我们可以选择低调做人，但低调并不意味着让你因为别人的看法而放弃自己的想法。面对别人的非议或误解，我们应该选择继续前行——走自己的路，让别人说去吧。

我们应该明白，被人误解或非议是我们在这个世界上一定会碰到的常态。面对这样的常态，我们需要做的就是低调一点——切不可被流言所左右，给别人以机会去印证他们的看法。

当然，在实际工作之中我们也经常会看到，很多人因为自己被误解或非议而产生了各种各样的负面情绪，他们因此而灰心、沮丧、难过、愤怒……进而产生放弃或者抵触的行为，这对于我们的职场发展来说，是有百害而无一利的。

但是，事实告诉我们：行动永远比言论更有力量。

一个人如果必须通过外界的评价来证明自己，这只能说明他的内心不够强大——只有不再需要依赖外界对自己的评判，自己能证明自己的时候，内心才会真正强大无比。

一个内心强大的人，才能真正无所畏惧。也只有内心强大，我们在生活中才会宠辱不惊，不论外界有多少诱惑、多少挫折，依然能固守着内心那份坚定，处之泰然。

不将就这个功利的世界，只有这样，你才会踩着自己的节奏，一步一步接近你想要抵达的那个地方。否则，你就会随波逐流，被这个世界改变得面目全非，失掉初心。

等待，一定是因为看见了机会

有只小虫子，它有一个愿望，就是想爬到山顶看风景。它每天努力地向上爬，相信总有一天会爬到山顶。当它爬到半山腰时，有一个陡峭的悬崖忽然挡住了它的去路。

筋疲力尽的小虫子很伤心，但是它没有打退堂鼓，它相信自己一定能想出爬过悬崖的办法。在想办法之前，它要好好睡一觉。疲惫的它睡着了，然后做了一个长长的梦。

一觉醒来，小虫子长出了轻盈的翅膀——它变成了蝴蝶。蝴蝶高兴地抖了抖翅膀，毫不费力地就飞过了悬崖，没一会儿就飞到了山顶，看到了梦寐以求的风景。

在追逐梦想的路上，付出艰辛的努力必不可少。但是有时候，我们还要善于等待：坚信理想一定能实现，静下心等待时机的到来。

在通往成功的道路上，如果你没有耐心去等待成功的到来，那么，你只好用一生的耐心去面对失败。

实际上，只要我们仔细观察，就会惊奇地发现，那些生活在困境中的人，都具有非凡的耐心以及吃苦耐劳的品质，他们正是以这种惊人的耐心忍受着暂时不成功的现实生活。

由此可见，唯有不屈不挠的耐心和决心，才能战胜困难。一个有耐心和决心的人，任何人都会相信他，也会给他以足够的信任、悉心的帮助。

相反，那些缺乏韧性和毅力的人，往往不容易得到大家的信任，因为大家都知道他做事不可靠，随时都可能会面临退缩。

很多人总是埋怨没有成功的机会，其实是因为他们没有发现机会的眼光。机会总是存在的，只要你善于捕捉，它往往就会不经意间降临在你的身边。

所以说，很多时候，我们一定要耐得住寂寞，多给自己一点耐心，多给自己一点信心。

很多取得辉煌成就的成功人士，你看到的只是他们身上的光环，却不曾看到他们当初的耐心等待。

每一个成功者，都有一段低沉、苦闷的日子，往往挣扎在挫折与不幸的边缘。但是，在他们一生最辛苦的日子里，他们却十分渴望成功，并且愿意为之付出数倍的耐心。

前几年，有个年轻人希望自己能够事业成功，为此他付出过许多努力，然而却屡遭失败。为此，他拜访了一位智者，向其请教："请问，我为什么不能成功？"

智者微微一笑，说："我这里有两袋芝麻，但黑白芝麻混在了一起，你今晚把黑白芝麻分开，明天过来我会告诉你答案。"

年轻人回到家中，看着两袋芝麻无计可施——要把这两袋芝麻中的黑白芝麻分开，那得要多少天啊！

年轻人用手拣了一会儿，就没了耐心。

第二天，他匆忙去找智者。智者问年轻人："你这么快就把黑、白芝麻分开了？"

年轻人很不好意思地说："太费劲了，这两袋芝麻没个十天半个月是分不开的，你就别让我分什么芝麻了，直接告诉我答案吧。"

智者听了，只是微微一笑，说："我把答案已经告诉你了，成功就好像要把这黑白芝麻分开，你要从细处入手，光靠努力不行，还要有耐心——坚持下去，总会成功。而你缺少的就是耐心！"

年轻人恍然大悟，从此执着追求自己的事业目标。10年后，他获得了很不错的成绩。

急功近利，是现代人的通病。

我们都太着急了，恨不能早上播下的种子，晚上就能硕果累累。心浮气躁，反而会把成功推得越来越远。

成功是一坛美酒，酿酒需要原料，需要付出辛勤的劳动，更重要的是，需要长长的时间来发酵。

所有的结果都是美好的，如果我们现在看不到美好，那是因为一切才刚刚开始，还没有到最后。

愿意用时光浇筑梦想的人，注定会梦想成真。

把心沉下来，静静地等待，过不了多久，我们就会嗅到成功的醇香！所以，成功永远都值得我们多坚持一下，而等待，也是因为坚持背后蕴藏着希望。

选一种姿态，让自己活得无可替代

豁达是一种心理行为。豁达的人，对生活充满希望，能够乐观面对遇到的任何挫折。

有一个盲人，虽然他什么也看不见，但对生活充满了乐观和希望。他的脸上整日里都挂着笑容，没有人看到他有过烦恼。

一个冬日的早晨，他坐在门前的台阶上，面朝天空在笑。

路过的人问他："瞎子，你在笑什么？"

盲人说："天虽然寒冷，但太阳还是这么温暖。我看不见，但可以想象得出它一定很明媚，所以我笑。"

他的邻居，经常看到他一个人在屋里傻笑，就问他："你每天都在笑，笑什么呢？"

盲人说："外面的世界一定风和日暖、鸟语花香。每天还有这么多人来看我，包括你。”

“这好笑吗？”

“天气好，心情就好。别人开心，我自然也开心，开心了就想笑，就这么简单。”

有人看见他站在雨里也笑，就问他：“瞧你衣服都湿了，还不回屋里，这雨有什么可笑的？”

盲人说：“雨滋润大地，今年看来又是一个好年景。”

他打盹的时候，脸上也挂着甜甜的笑容。有人问他：“你又梦见什么开心的事了。”

盲人说：“我梦见我笑起来怪怪的，很可笑——我是在笑我自己可笑的样子。”

这个故事说明，这位盲人心地豁达开朗，他虽然生活在黑暗中，但心的世界却明媚而光亮。他虽身体残疾，心理却健康而阳光。

凡事都有两面性，我们往往只看到它的正面，却忽略了它的反面。豁达的人，懂得透过不好事情的表象，发现其中蕴含的积极因素，并借此摆脱它会给自己带来的负面情绪。

美国前总统罗斯福家里遭窃，许多贵重的东西被偷。事情被报纸登出后，许多人写信或打电话安慰他。他在给一个朋友回信时说：“亲爱的，谢谢你来信安慰我，我现在很平安。感谢上帝，因为：第一，贼偷去的是我的东西，而没有伤害我的性命；第二，贼只偷去了我的部分东西，而不是全部；第三，最值得庆幸的是，做贼的是他，而不是我。”

有人说，豁达才能让未来充满希望。

那，什么是豁达呢？

豁达指心胸开阔，性格开朗，能容人容事。豁达是一种大度和宽容，豁达是一种品格和美德，豁达是一种乐观和豪爽，豁达是一种博大的胸怀、洒脱的态度，也是人生中最高的境界之一。

所以，人生在世，一定要有一颗平静、豁达的心。

俗话说：“己欲立而立人，己欲达而达人。”如果你渴望变得优秀，就应该平静地看待别人所取得的成就，这是获得幸福人生的秘诀。

在人生道路上，我们会遇到很多挫折与困难，当我们以豁达、坦然的姿态来对待时，就会发现，渡过难关也会如此简单。

通用公司要裁员，裁员名单中有内勤部办公室的罗斯和琳达，按照规定，一个月之后她们就得离职。从办公室出来的时候，两个人的眼眶都红了。

第二天上班，罗斯的情绪仍然非常激动，跟谁说话都很冲，仿佛别人都是她的仇家。她不敢去找老总发泄，只能跟主管和同事诉苦：“这对我太不公平了，凭什么把我裁掉？我干得好好的。”

罗斯声泪俱下的样子，让人同情，但大家又无可奈何。她只顾到处诉苦、抱怨，以至于对传送文件、收发邮件这些分内事都不再过问了。

罗斯原本是个非常讨人喜欢的人，但现在她整天怒气冲冲、愁眉苦脸的，同事们都开始躲着她，不想和她接触，甚至对她有点厌烦。

琳达就不一样了，在裁员名单公布后，她虽然哭了一个晚上，但是第二天上班时她仍然容光焕发，好像什么事情都没有发生过似的。

同事们不好意思再吩咐她做什么，她便主动询问大家有没有事，要不要帮忙。面对大家同情和惋惜的目光，她总是笑笑说："事情已经这样了，倒不如好好地干完这最后一个月，以后想干恐怕都没机会了。"所以，她每天仍然非常勤快地打字、复印、收发文件，随叫随到，坚守在自己的工作岗位上。

一个月后，罗斯如期被解雇，而琳达却被留了下来。主管当众传达了老总的话："琳达的岗位谁也无可替代，像她这样拥有豁达心胸、性格开朗的员工，公司永远不会嫌多！"

罗斯和琳达曾经同样面临将被解雇的事实，可两人之后的表现却大相径庭：罗斯不停地抱怨上天对她的不公；琳达则依旧努力地工作——两个人在面对挫折时心态的不同，最终导致了她们命运的不同。

人生不如意事十之八九，如何对待这些不如意，决定了我们将拥有什么样的未来。

如果总是被那些不如意纠结、缠绕，我们就会被折磨得筋疲力尽，从而失去了前进的动力和勇气。反之，如果我们用宽阔的胸怀把烦恼都消融掉，生命就会豁然开朗，充满希望的亮光！

胸怀有多宽广，未来就有多辽阔。愿我们对所有的不如意，都能豁达以待！

选择你所能承受的路走下去

面对苦难，不同的人会从不同的角度去看待，这就产生了积极和消极的区别。

积极的人认为，苦难是一种磨炼，过去了，就会走上坦途；而消极的人认为，苦难是一种不可跨越的障碍。

其实，苦难的存在并不仅仅会给人带来消极，因为很多积极的事情都是在苦难之后发生的——它就像塞翁跑丢的那匹马，在它回来之前，你都不会知道以后是祸还是福。

我们无法在这个世界上找到真正的完美，人生也是如此：有顺境就会有逆境，一路顺风走到人生终点的人，几乎不存在。

苦难是人生道路上的常态。因此，我们应正视苦难的存在，也要始终相信这一点：路再长也会有终点，事再难也会有成功的一天。

1991 年，在美国艾奥瓦州东南部基奥卡克的密西西比河河畔，降生了一个女婴。她有着深邃的眼眶和挺直的鼻梁，长长的眼睫毛忽闪忽闪地，仿佛在和人说话。这是一个漂亮的女婴，但可惜的是，她一出生便缺失了一段左臂，只有半截上臂在身旁左侧荡来荡去。

幸运的是，父母并没有因为她身体的缺陷而放弃她，并且将她视为掌上明珠。他们深爱着这个女儿，还给她取了一个好听的名字叫凯利。

在很小的时候，凯利就知道自己与别人不一样。当小伙伴们伸出双手来数十个手指时，她只有右手的五个手指能数数。当别的小伙伴可以左手牵着爸爸、右手牵着妈妈时，她却只能牵着爸爸、妈妈中的一个人。

每到这个时候，小伙伴们总会惊奇地看凯利残缺的左臂，这让她很不自然。但比起小伙伴们异样的目光，大人们同情的目光会让她更加难过。小时候的她最喜欢的季节是冬天，因为到了冬天，妈妈会给她穿上漂亮的厚外套，她的残臂便会被藏在衣袖里，而不是暴露在外面让人“观赏”。

到了上学的年龄，父母送凯利去学校，校园里那么多同龄小伙伴让凯利很开心，但同学们异样的目光再次让她深感痛苦。她想过不去上学，这样就可以躲在家里不用忍受别人的目光和议论。但她很快发现，比起别人异样的目光，孤独和寂寞更让她难以忍受。

看着自闭而痛苦的小凯利，母亲很心疼。她告诉凯利，身体的缺陷注定会为她引来许多注目，不过她必须学着以活泼开朗的个性去勇敢面对这一切。

从那以后，当凯利再次面对同学们异样的目光时，她能够做到满不在乎，因为她牢牢地记住了母亲的话：勇敢地面对周遭的一切。虽然，同学们乍一看到她时，仍然会很惊奇，但任何与众不同的事物在长时间与其朝夕相处后，都会变得习以为常——同学们对待凯利的残臂亦是如此。

每天在一起上学放学，让同学觉得凯利与他们并没有什么不同。慢慢地，凯利的活泼和勇敢感染了很多同学，他们都和凯利成了好朋友。在这样的环境中，凯利变得越来越开心。

但身体的残缺并不会因为得到别人的认同就能恢复正常。凯利做各种运动都会受到局限，这时，她不得不再次正视自己没有左臂的缺陷。

当她看到同学们能够自如地打棒球、跳舞、潜水，而她却无法完成这些运动时，她满心沮丧。但她并没有向命运妥协，而是对自己说："我必须勇敢，想要做的事情，绝不能因为一声'不行'就放弃。"

在付出比别人多几十倍甚至几百倍的努力后，凯利终于可以参与到很多运动中去了。在学习上，她也毫不逊色，在经过不懈拼搏后，她考入了内布拉斯加林肯大学学习戏剧专业。

凯利虽然左臂残缺，但在很多方面都比同龄人做得要好。不过，她并没有为此而骄傲，她有自己的梦想：鼓励与她一样有身体缺陷的人去勇敢面对命运的不公，活出自己的精彩。

于是，她报名参加了美国艾奥瓦州选美比赛，她想利用这个平台说出自己想说的话。但在报名现场，那些身体健全、身姿妙曼的少女都对她窃窃私语，就连发放报名表的工作人员都诧异地看着她，再三确认：她是真的要参加选美，还是只是来逗乐。

面对这些质疑和羞辱，凯利没有做任何解释，她内心知道自己在做什么。

在比赛中，凯利表演了音乐剧《女巫前传》的著名唱段《抗拒引力》。她非凡的表演才能，和勇敢开朗的性格征服了所有人，因此顺理成章地成为“选美皇后”。

断臂“选美皇后”的事迹很快便被传播开来，当有人祝贺凯利天生断臂却能取得如此好的成绩时，她只是微笑着说：“我要感谢我的左臂残缺，如果不是因为它，我不会像现在这么勇敢，也不会这样坚持。”

其实，有什么样的心态，就决定你会有什么样的人生。当你对人生充满希望时，美好的日子将会属于你。可是，当你悲观失望时，伤心的日子将会如影随形，你会越来越悲伤。

数千年来，世界上很多科学家、权威人士的研究结果都表明，由于骨骼、肌肉等各方面因素的限制，人类不可能在四分钟内跑完一英里。因此，人们一直认为，这是人类不可能打破的纪录。

然而，1954 年，一位叫罗杰 · 班纳斯特的人却打破了这个纪录。他之所以能够创造这一惊人的佳绩，一方面归功于苦练，但更重要的是，得益于精神上的突破。

在破纪录之前，班纳斯特曾在脑海中无数次地模拟以四分钟的时间跑完一英里，长此以往，便形成了强大的成功信念。结果，他真的做到了人们认为几乎不可能做到的事情。

奇怪的是，在班纳斯特打破纪录的第二年，竟然另有 37 个人也做到了。

原因就在于，这些运动员被科学家的报告限制住了自己的潜能，他们不相信自己可以。但是，当他们看到有人能够做到时，才相信自己也能做到。

可见，信念创造了奇迹！

可悲的是，世界上只有极少数人对自己拥有完全的自信，他们就是登上金字塔顶端的那些成功人士。然而他们的自信，有时候看上去却没有任何理由和根据。

信念只是一种心态、一种选择，它并不需要任何理由和条件。成功的人，总是先相信，然后才会看到；而不成功的人，只有看到了才会相信。

无数的事实都在证明：世界冠军在成功之前，他相信自己一定会成功，然后才成功的。

不相信，就等于是放弃，等于不给自己机会。

每个成功的人，都要经过一段难挨的时光，只有忍受了那段寂寞、孤独、拼命努力的时光，才能品味到成功的甘甜。“看得远、忍得住、狠得下”，这是每一个想成功的年轻人的必经之路。

生活的最迷人之处，从来都不是如愿以偿。生命的旅程中，没有人能避开苦难的袭击。当苦难以迅雷不及掩耳之势突然降临的时候，我们该怎样应对呢？既然无法躲避，那就勇敢地迎战吧！

只要我们有了必胜的信念，我们就占据了主动权。再加上足够多的努力，苦难就会收敛它狰狞的面孔，向我们展开和解的笑颜。

有一种力量叫信念，它能把苦难变成华美的礼物，也能让人超越生命的极限，创造成功的传奇。

再深重的苦难，都有渡过的那一天；再长的路，也都有到达终点的那一刻；而再高不可攀的成功，也终有因坚持不懈而梦想成真的时候！

第十章

在拼搏的年纪，遇见最好的自己

有些路，只能一个人走下去

因为不能飞，所以要努力奔跑

总有一天会有人为你鼓掌

愿你拥有被苦难照亮的生命

永远相信美好的事情即将发生

有些路，只能一个人走下去

快节奏的生活，让我们几乎失去了心无旁骛的能力。我们常常需要眼观六路、耳听八方，但生活往往仍是一团糟，也因此把自己弄得焦灼不安、疲惫不堪。

我们什么都想要，却什么都得不到。

所以，不如给自己锁定一个目标，然后持之以恒地关注它。

在美国，有一个穷困潦倒的年轻人，即使身上的钱加起来都不够买一件像样的西服，他仍然全心全意地坚持着自己心中的梦想：做演员、拍电影、当明星。

当时，他逐一数过，好莱坞共有 500 家电影公司。

后来，他根据自己认真规划的路线与排列好的名单顺序，带着自己量身定做的剧本前去拜访。可是第一遍下来，所有的电影公司没有一家愿意选用他的剧本。

面对百分之百的拒绝，这个年轻人没有灰心，他从最后一家被拒绝的电影公司出来之后，又从第一家开始继续他的第二轮拜访与自我推荐。

在第二轮拜访中，所有电影公司依然拒绝了他。

第三轮的拜访结果，仍与第二轮相同。

这个年轻人继续咬牙开始了他的第四轮拜访。当他拜访完第349家后，第350家电影公司的老板破天荒地答应了，愿意让他留下剧本看一看。

几天后，年轻人获得通知，请他前去详细商谈。

就在这次商谈中，这家公司决定投资开拍这部电影，并请这位年轻人担任自己所写剧本的男主角。

这部电影名叫《洛奇》。这位年轻人就是席维斯·史泰龙。现在翻开电影史，这部电影与这个日后红遍全世界的巨星皆榜上有名。

面对人生巨大的考验，史泰龙并没有轻易放弃，因为他始终坚信有一天自己一定能够成功，所以他锲而不舍地追寻着自己的理想，不管遇到什么困难都没有退缩。

正是坚持，让史泰龙赢得了辉煌人生的开始，终于让梦想变成了现实。

有一个年轻人想成为举世著名的画家，可是他画出来的画总是很难卖出去。他看到大画家门采尔的画很受欢迎，便登门求教。

他问门采尔：“我画一幅画，往往只用不到一天的时间，可为什么卖掉它却要等上整整一年？”

门采尔沉思了一下，对他说：“请倒过来试试。”

年轻人十分不解地问：“倒过来？什么意思？”

门采尔说：“对，倒过来！要是你花一年的工夫去画一幅画，那么，只要一天时间你就能卖掉它。”

“一年才画一幅画，这有多慢啊！”年轻人惊讶地叫出声来。

门采尔严肃地对年轻人说：“对！创作是艰苦的劳动，没有捷径可走。试试看，年轻人！”

这个年轻人决定按门采尔的建议去做。回去后，他苦练基本功，深入搜集素材，周密构思，用了一年时间画了一幅画。果然，不到一天这幅画就卖掉了。

后来，这位年轻人终于实现了自己的梦想，他的画作得到了大家的认可与欣赏。

坚持不懈是通向成功的桥梁，它能够让人实现自己的雄心壮志。

一个人的一生倘若过于顺利，那么就会像温室里的花朵一般，虽然也能够绽放艳丽，但会缺乏一种活力——一种源于大自然，在经历风吹雨打后展现出的生命力。

处于逆境之中，倘若你能够坚强地忍受一切不如意，甚至是磨难，之后仍屹立不倒，那么你便是生命中的强者。

古希腊大哲学家苏格拉底曾经给他的学生出过一道“坚持”的考题，从此来证明他的哲学思想。

有一天，苏格拉底对他的学生说：“今天，我们只做一件再简单不过的事，把右臂向前后用力甩。”他示范完一遍后问：“是不是很简单？每个人每天做 300 下。”

一个月后，苏格拉底问：“哪些人坚持做到了？”这时有 90% 以上的学生骄傲地举起了手。

两个月后，当他再次发问，坚持下来的只有 80% 的学生。

一年后，苏格拉底再次问道：“还有哪些人坚持做了？”

教室里鸦雀无声，只有一个同学举起了手，举手的人正是后来成为古希腊大哲学家的柏拉图。

任何伟大的事业，成于拼，毁于怠。拼很容易，但是持之以恒地拼却很难——说它容易，因为只要愿意，人人都能做到。说它难，因为能心无旁骛坚持到底的，终究只是少数人。

当我们真的做到了这些，成功也就变成了顺理成章的事！

因为不能飞，所以要努力奔跑

每个人都有属于自己的梦想，而实现梦想就是我们的人生目标。可是有人把梦想变成了遥不可及的梦幻，有人把梦想变成了现实。失败与成功之间，只隔着一次全力以赴。

在通向梦想的征程中，我们不要用尽力而为聊以自慰，而要拼尽全力。

努力的程度不同，直接决定不一样的人生结果。人生在世，短短数十载，有人说，反正是一辈子，那就顺其自然，慢慢来吧；也有人当确立目标后，会全力以赴，执着追求，生命也因此而变得光彩照人。

事实上，一个人用心去做自己擅长的事，并且执着地去追求，总有一天会摘取成功的桂冠。只要你一直为目标奋斗，那么，所有的障碍都会为你让路。

在电影《命若琴弦》中，老瞎子和小瞎子用一根接一根的琴弦做了最感人、最具体的完美展示，也诠释了史铁生先生的那句话："人的一生就如同这根琴弦，绷紧了才能拉好，拉好了也就足矣了。"

生命重在对过程的执着追求与不懈努力，只有把握住对美好生活的信念，人才能够顽强地生存下去，才能够懂得人生的真正内涵。

每个人都有自己的人生坐标，要将自己的人生定位，同时为这个目标而去努力奋斗。尽管很多人失败了，但只要心中有个太阳，心灵就不会暗淡无光。

一旦目标确定后，全力以赴地为之进行不懈的努力，并且能够始终坚守自己的梦想，成功一定会属于你。

科林·鲍威尔出生在一个十分贫穷的家庭里。年轻的时候，为了养家糊口，他曾经做过各种繁重的体力活。

有一年，他在一家汽水厂打杂，工作主要是洗瓶子，有时也擦擦地板、搞搞卫生。

一天，几个工人在搬货的过程中打碎了几箱汽水，弄得车间地板到处都是玻璃碎片和黏黏的汽水。

本来，这几个人应该负责把地板打扫干净的，但是他们居然理也不理就下班了。这本来不关鲍威尔的事，可是他心想：车间弄成这样，明天肯定会影响大家工作，何况自己是管清洁工作的，看到这样的状况怎能不理呢？

于是，鲍威尔便开始打扫起来。他并没有应付了事，而是将地板擦得干干净净、一尘不染。

鲍威尔的表现被主管看在眼里，没过几天，工厂就提升鲍威尔为装瓶部主管。从此，他牢牢记住了一条做事的准则：“凡事全力以赴，总会有人注意到你。”

后来，鲍威尔以突出的成绩考入军校，逐渐步入美国政坛。

再后来，鲍威尔成为美国历史上第一位黑人战区总指挥、第一位黑人四星上将、第一位黑人参谋长联席会议主席、第一位黑人国务卿。在从政的十几年中，他做事从来都是全力以赴，追求尽善尽美。

“全力以赴”与“敷衍了事”是天敌，所以一个人要想做到全力以赴，首先就要摒弃敷衍了事的恶习。

德国有一位妇女，在30岁之前，她只是一名普通女子，过着按部就班的生活。30岁那天，她做出了一个决定——学习自由体操。

得知她的决定，家人在惊讶之余都纷纷反对。谁都知道，体操这项运动对身体的柔韧度和平衡度要求特别高，因此需要体操运动员从小时候就开始学习。而她已经30岁了，身体的骨骼已经定型，怎么可能完成体操的种种要求。

但是，亲戚朋友的阻拦并没有使她放弃自己的梦想，在一片足以把她淹没的反对声中，她勇敢而坚定地走进了体育馆。

自由体操对运动员在速度、力量、柔韧度、平衡度等方面都有极高的要求，在经过最初的踢腿跑步、直立跳跃等简单训练后，教练要求她开始压胯。压胯的目的是为了增强髋关节的开放度和柔韧度，这是自由体操中最关键、也是必须练好的一个环节。

因为小孩的身姿柔软，比较容易打开髋关节的开放度，所以体操运动员都是从小训练和培养的。而她已经是30岁的人了，胳膊和腰肢早已变得坚硬、笨拙，想要把身体练出柔韧度来谈何容易。

第一天压胯的时候，她像别的小运动员那样练习趴胯。她面对墙壁，叉开双腿，慢慢往下蹲趴。随着身子一点点下坠，她只感觉腿上的韧带仿佛像要断掉一般，身体本能的抗拒，像是一个无形的垫子横隔在她的屁股和地面之间，让她无法下坠半分。

趴胯失败了。她蹲坐在训练场的角落里，看着周围的小运动员收放自如地训练，那一刻，她满心沮丧。

所有人都以为她会放弃，但第二天，她的身影再次出现在训练场里。这一次，她拜托教练帮她压胯，因为她想要借助外力的作用，强制性地把自己的韧带拉开。她躺在地板上，两名教练压住她伸开的腿，一点点地往下压。

随着教练的力度加大，她感觉腿上的肌肉和骨骼仿佛被撕裂开来，巨大的痛楚让她的眼泪唰地掉了下来。

见此情景，教练忍不住松开手，试图劝她放弃。但她只是摇摇头，擦干眼泪后她便再次请求教练帮她压胯。教练无奈地压住她的腿，将她的腰胯向后下方压。她闭着眼，咬着牙，清晰地感受被迫压胯的那股痛楚从腿上往身上蔓延，最后冲上脑袋，随后她感觉大脑一片空白，竟然痛得晕了过去。

这把两名比她要小许多的教练吓坏了。但苏醒过来的她，没有退缩，而是选择了第二次、第三次压胯……

虽然每次压胯的时候，那种钻心的疼痛都足以让她泪流满面；每次练习吊环、单双杠中的各种悬垂、摆动、回环、转动等动作时，手掌的皮肤都被磨起泡、揭了皮，嫩肉与杠杆摩擦产生的疼痛都足以让人崩溃。

但她一直坚持了下来。她想，自己的极限还没有达到，她一定要坚持自己的梦想。凭着这股执着的精神信念所衍生出来的巨大力量，她练就了一副柔软的腰肢，最终学会了自由体操的各项动作，并多次在国家艺术体操比赛中获得冠军。

她就是约翰娜·奎阿斯。在德国科特布斯挑战者杯比赛现场，她完美地完成了自由体操中的倒立前滚翻、侧手翻、后滚翻和头手倒立等动作，在双杠上更是身体紧绷，同地面几乎平行，达到了很好的水平状态。

她令人惊艳的自由体操和轻盈优雅的双杠表演一下子轰动了全世界。而此时，她已经 86 岁了，距离她学习体操已经 56 年了。

我们要实现自己的梦想，和 30 岁才开始练习体操，直到 86 岁才惊艳世界的约翰娜·奎阿斯比起来，多少要容易些。我们要相信，只要全力以赴，成功终会是我们的囊中之物。

用执着的追求书写自己无悔的人生，在人生的路途中放飞希望吧。人活着就要为了目标而努力奋斗，人活着就要努力让生活变得更加精彩，因此，我们每个人都要为自己确立一个明确的目标，然后为之全力以赴，不断奋斗，为之付出全部的才能与智慧。

努力不是像无头苍蝇一样无休无止地瞎撞，而是必须有明确的目标和具体的实施计划。如果你知道自己要去哪里，全世界都会为你让路。

年轻的我们，有着无限充沛的精力，无论做什么事情要记住：

要全力以赴。你不遗余力认真而努力的样子，会给你带来意想不到的好运。驰骋在青春的岁月里，我们不能散漫而随意，要给远方设置一个美丽的目的地，然后向着它马不停蹄地前进。

只有如此，我们的人生，才会别有一番意义！

总有一天会有人为你鼓掌

在通往成功的路上，我们难免会遇到进退维谷的时刻。

这时候，如果我们想全身而退，那所有的努力将前功尽弃。并且，我们将离成功的目标越来越远，甚至再也没有机会抵达。这一退，就会溃不成军。

我们要敢于背水一战，要有把自己陷入绝境的勇气，然后孤注一掷、迎难而上，拼尽全力往前闯。这一战，就会功成名就！

公元前一世纪，恺撒大帝统领着他的军队进攻英格兰。

虽然恺撒充满了必胜的信心，但他仍号召将士们与自己共同浴血奋战。他怎么做的呢？在所有将士抵达英格兰后，他让战士们将所有运送他们的船只聚拢在一起，然后在大家惊讶的目光中，将所有船只烧毁了。

在满天的火光中，恺撒大帝登上一处高地，大声说道：“现在运送我们的所有船只都被烧掉了，也就是说，除非我们能够将敌人打败，否则我们决无退路。”

将士们明白失败就意味着死亡，所以他们都奋勇作战，最后终于获得了战争的胜利。

《孙子兵法》上说，要置之死地而后生。当深陷绝境时，往往能够振奋人们的奋力抗争之心，从而打破阻挠势力，扫除障碍。

同样，无论一个人做什么事，必须抱着绝无退路的决心勇往直前，无论遇到何种困难、障碍都不能后退。如果立志不坚，时刻准备着知难而退，那绝不会有成功的一日。

项羽破釜沉舟，一战成名，成就了一番基业；恺撒大帝焚烧战船，断了自己的后路，赢得了战争的胜利。历史上有很多这样的事例，它们无不证明了一条颠扑不破的真理：敢拼才会赢！

困难当头，不要退缩，去勇敢面对，坚定果决地拼一把，用努力换取成功。闯过来的人都会说：“相信自己，没有什么不可能！”困难来临不轻言放弃，敢于挑战自我，总有一天会有人为你鼓掌。

敢拼搏是一种刚烈而不过火的激昂，一种超越而不违背实际的奋进，一种青春永驻的自信，一种乐观向上的人生活力。只有敢拼，才能铸就辉煌！只有敢拼，才能赢得未来！

天道至公，垂青勇者。机会总是会站在有决心、有毅力的人这边，意志总会帮助他们开创出一条路来，即使是在看起来不可能的地方：半臂的间隔，将决定能否在比赛中胜出；行军最远的人，有可能最先到达终点；再多坚持 5 分钟，就会赢得战斗的胜利……

经常观看全美职业篮球联赛（NBA）的人都知道，黄蜂队有一位身高仅 1.6 米的运动员，他就是博格斯——NBA 最矮的球星。

即便是对普通男人来说，这个身高也是一种缺憾。但是博格斯却接受了自己身材矮小这个无法改变的事实，他毫不气馁，自信而努力地在“长人如林”的篮球场上竞技，并且跻身大名鼎鼎的NBA球星之列。

从小就喜爱篮球运动的博格斯，因天生身材矮小，所以和他在一起玩球的伙伴们都瞧不起他。有一天，博格斯很伤心地问妈妈：“妈妈，难道我就这样不长个儿了吗？”

妈妈鼓励他：“孩子，你会长得很高，只要努力，你一定会成为大球星。”

从此，在他心里，长高的梦每时每刻都闪烁着希望的火花。

博格斯一直苦练球技。虽然他的身高不如其他队员，但是每次他所在的队伍总是赢球，他也逐渐成了球队的明星。

“业余球星”并不是他的篮球理想，博格斯的野心更大了，他想进入NBA，但是面临着更严峻的考验——1.6米的身高能打好职业赛吗？

博格斯横下一条心，认为个子矮也能闯天下。“别人说我矮，反而成了我的动力，我偏要证明，矮个子也能做大事情”。

博格斯在威克·福莱斯特大学和华盛顿子弹队的赛场上，收走了从下方来的90%的球。后来，博格斯进入了夏洛特黄蜂队（当时名列NBA第三），在他的一份技术分析表上写着：投篮命中率50%，罚球命中率90%。

博格斯能以1.6米的身高扬名NBA不是靠侥幸或者运气，而是他个人的努力和实力。

当年博格斯与2.29米的“竹竿”肖恩·布莱德利并肩而立，高度的反差形成鲜明的对比，成为NBA的宣传海报，这告诉了所有热爱篮球的年轻人：来NBA，只要你有真本事，不管身高多少都能站住脚。

当然，随后的岁月证明这张海报的预言仅仅对了一半：博格斯成功地改写了NBA的历史，而布莱德利却没有混出什么名堂。

拼搏，是获得成功的有效途径，是人生中无法替代的力量。天赋无法替代它，有天赋却失败的人常有听闻；教育无法替代它，受过良好教育却失败的人随处可见；才能无法替代它，有才能却失败的人更比比皆是。

要想赢得掌声，就去拼！

愿你拥有被苦难照亮的生命

困难是人生的必需品，也是一种历练，没有任何一个成功者不经历困难就能够轻而易举地取得非凡的成就。

在通往成功的道路上，上帝给我们设置了许多困难和挫折。有人在困难和挫折面前退缩了，放弃了，甚至结束了自己的生命。还没有尝试就缴械投降了，无论从哪个角度讲，这都是一种极其懦弱的行为。

克里蒙·斯通幼年丧父，家中一贫如洗。为生活所迫，他不得不和很多穷孩子一样，当了报童。

他满怀希望地走进一家饭馆，可是还没来得及叫卖，就被伙计连踢带打地赶了出来。第二次进去，又被踢了出来。

小斯通真不想干了，可一想到替别人缝补衣服的母亲那双满是血口子的手，他便硬着头皮又一次走了进去。客人们都佩服这个不要命的小家伙，他们说服老板，允许斯通在饭馆卖报。

虽然受了皮肉之苦，但之后斯通的口袋里却装了不少钱，报童生活磨炼了斯通锲而不舍的精神。

“我做对了什么？又做错了什么？下次我该怎样处理同样的情况？”从卖报之后，斯通就一直保持着勤于思考的习惯。

后来，斯通的母亲为一家保险公司推销保险。16 岁那年暑假，斯通也试着去推销保险。他看准了一栋办公大楼，走了过去，当年卖报的情形立马浮现在眼前。

斯通站在楼梯前，浑身发抖。是害怕？还是激动？他一时也弄不清楚。

“倘若你做了，不会有什么损失，还可能大有收获，那就动手去做，马上就做！”斯通给自己打气，终于走进了大楼。这一次，他没有被踢出来。

在被一个客户拒绝后，他就立即来到下一间办公室，这样做就没有时间去犹豫，没有时间去感受恐惧。

那天，斯通只卖出了两份保险，但他非常高兴，因为他看到了自己潜在的才能，也从中学到了不少推销的知识。

第二天他卖出了4份保险，第三天卖出了6份。

一不做，二不休，为了自己喜欢的事业，斯通干脆退了学。当时他走遍了密歇根州，每天都能推销近40份保险。

这样，到了20岁那年，他充满信心地来到芝加哥，开了一家“联合登记保险公司”。开业第一天，他就卖出了54份保险，这是一个好兆头。

斯通信心十足，四处奔波推销保险。在祖利叶城，他创造了一天卖出122份保险的奇迹。

斯通觉得，应该雇用一些助理员，但他又十分冷静，早期的成功使他得出了一个结论：开始时不能图快，把根基打牢才能保证事业的持久。因此，他认真挑选了几名推销员。

他的事业在芝加哥打下牢固基础后，他又来到威斯康星州和印第安纳州，接着又到其他州推销，并在全国性的报纸上登广告。这样，到20世纪20年代末，在全美各州拥有1000多名推销员的联合登记保险公司已经初具规模，也令人刮目相看。

但世事难料，斯通的保险公司后来遭遇了美国经济大萧条时期。一时间，各行业都一蹶不振。穷人没有钱买健康保险和意外保险，有钱人宁愿把钱存下来以防不测，联合登记保险公司面临前所未有的困难。

斯通并没有灰心，他猜想：在繁荣年头里雇用的那些推销员没有经受住当前经济萧条的巨大考验，这才是真正的原因。

“销售是否成功，决定于推销员，而不是顾客。”斯通要亲自去证明这句话。

他来到纽约，凭着过硬的推销本领，取得了非凡的业绩。

这证实了他的判断，因此，他马上编印了一些关于如何推销的手册，发给推销员们。他还亲自穿行于各州之间，跟着他们一起去推销，并结合手册演示给他们看。

虽然公司的推销员从 1000 人减少到 200 人，但这 200 名训练有素的推销员却为他创造了巨额的财富。斯通很快成了一名富翁。

其他一些保险公司在经济大萧条的冲击下停业了，斯通趁机买下几家，结果都扭亏为盈。在不断努力下，这位昔日的小报童终于成了美国的“保险大王”。

在生活中，我们总会遇到这样那样的困难。一个勇敢而有梦想的人总是能够咬紧牙关，想尽一切办法去克服眼前的困难。

其实，当困难降临时，你挺住了，便能赢得人生的胜利；你退缩了，便是注定失败的人生。

凡尔纳是一位世界闻名的科幻小说作家，但很少有人知道他为了发表他的第一部作品，曾经遭受过多少挫折与困难。

1863 年冬天的一个上午，凡尔纳吃过早饭，正准备到邮局去，突然听到一阵敲门声，他开门一看，原来是一个邮递员。

邮递员把一包鼓鼓囊囊的邮件递到了凡尔纳的手里。一看到这样的邮件，凡尔纳就预感到不妙，自从几个月前他把第一部科幻小说《乘气球五周记》寄到各出版社后，收到这样的邮件已经是第 14 次了。

他怀着忐忑不安的心情拆开一看，上面写道：“凡尔纳先生，书稿经我们审读后，不拟出版，特此奉还。”

每看到这样一封退稿信，凡尔纳的心里都是一阵绞痛——这次是第 15 次了，还是未被采用。

此时此刻，凡尔纳深知，那些出版社的审稿编辑是如何看不起无名作者。他愤怒地发誓，从此再也不写了。

他拿起手稿向壁炉走去，准备把这些稿件付之一炬。

就在这时，妻子赶过来，一把抢过书稿紧紧抱在怀里。可是，凡尔纳余怒未息，说什么也要把稿子烧掉。

妻子以满怀关切的语言安慰丈夫："亲爱的，不要灰心，再试一次吧，也许这次能交上好运的。"

凡尔纳听后，沉默了好一会儿，然后接受了妻子的劝告，又抱起这一大包书稿到另一家出版社去碰运气。

这次，没有落空。

读完书稿后，这家出版社立即决定出版此书，并与凡尔纳签订了 20 年的出书合同。

凡尔纳在面对人生的巨大挫折时，倘若没有妻子的疏导，没有"再努力一次"的勇气，我们也许根本无法读到他笔下那些脍炙人口的科幻故事，人类也会因此而失去一份极其珍贵的精神财富。

那么，在困难来临的时候，我们该如何挺住呢?

正确评估你所面对的困难。困难有大有小，在面对困难的时候，一定要正确地评估这些困难到底有多大，以及到底需要多少毅力才能更好地克服它。

那些退缩者之所以不能坚强地迎战困难，很大一部分原因就是，因为没有正确评估面对的困难，过分地夸大了困难的难度。比如说要渡过一条小溪，在他们看来就是要跨越长江、黄河似的，这怎能不令人胆战心惊呢？

对待困难，只有三个字：不要怕！

困难像弹簧，你弱它便强。在做事情时，倘若困难来自自己，那就要想方设法地战胜自己，将事情按部就班地做下去。

比如学习知识，哪里不行就从哪里开始。总之，就是要想尽办法学好它。自己实在解决不了时，也可以寻求帮助。

对待挫折，也有三个字：不后悔！

人生中谁都会做错事，就像下棋走错着一样，是根本不可避免的。一旦犯了错，我们应该从中汲取教训，一味地自责于事无补。

对待解决困难，同样有四个字：立即行动！

事实上，困难本身并不可怕，可怕的是不能够以正确的姿态来面对它，甚至是懦弱地逃避它。倘若你没有挺住困难，那么就意味着失去了一切。相反，倘若你一狠心、一咬牙挺住了，那么就等于战胜了一切，赢得了光彩人生！

只有努力，才是我们一辈子的护身符！赢在起点并没有那么重要，重要的是，赢在终点才是真的赢！

年轻的我们，多像一棵正在成长的树，亭亭如盖，挺拔葱茏。

在成长的岁月中，少不了会遇到狂风骤雨般的坏天气。我们能做的，就是努力把根深深扎进泥土里，默默忍受风雨雷电的袭击。承受的磨难越多，根就扎得越深，就能为成长汲取更多的营养。

有了足够的能量，我们就能向着太阳的方向努力生长，赢得一个光彩亮丽的人生！

永远相信美好的事情即将发生

面对困难这个彪悍的挑战者，如果我们能面带微笑，就意味着我们已经做好了应对的准备，并有了战胜它的信心和能力。

但是这并不代表，我们能轻松地一剑封喉，大获全胜。

成功的路，是用失败的台阶铺成的，只有一脚一脚把失败踩在脚下，我们才能一步一步接近成功，最终扬起胜利的旗帜。

有一位年轻人，从小就希望自己能够成为一名出色的赛车手。长大以后，他才知道想做一名赛车手并不容易，没有一定的实力和经济基础是办不到的。但他并没有放弃梦想，而是选择了在一家农场开车。

在工作之余，他一直坚持参加业余赛车队的技能训练。每逢遇到车赛，他都会想尽一切办法参加。但因为技术问题，他并没有取得好的名次，所以，他不仅没有什么收入，而且还欠下了一笔数目不小的债务。

在如此窘迫的情况下，他依然抱着自己的信念不放弃，一如既往地坚持练习。有一年，他参加了威斯康星州的赛车比赛。当赛程进行到一半的时候，他的赛车位列第三，他有很大希望在这次比赛中获得好名次，也许这将成为他人生的一个转折点。

突然，他前面的两辆赛车发生了事故，撞到了一起。看着前面的滚滚烟雾，他迅速地转动方向盘，试图避开这场灾难，但由于车速太快，赛车撞上了车道旁的墙壁。

当他被救出来时，手已经被烧伤，鼻子也塌了，全身烧伤面积达40%。医生做了7个小时的手术，才把他从死神的手中拽了回来。

经历这次事故后，他尽管保住了性命，可双手却萎缩得像鸡爪一样。而且，医生告诉了他一个残酷的事实："以后，你可能再也不能开车了。"

一名赛车手握不住方向盘，和一名拳手失去了双臂有什么区别呢？然而，他并没有因此而绝望。为了心中的梦想，他决心继续自己的赛车生涯。他接受了一系列植皮手术，为了恢复手指的灵活性，他每天都用残缺的手不停地抓木条，有时即使疼得浑身大汗淋漓，他也仍然坚持下去。

在做完最后一次手术之后，他回到了农场，换用开推土机的办法使自己的手掌重新磨出老茧，并继续练习赛车。

仅仅在9个月之后，他又重返赛场！

他首先参加了一场公益性的赛车比赛，但没有获胜，因为他的车在中途意外熄火。不过，在随后的一次全程200英里的汽车比赛中，他得了第二名。

两个月后，仍是在上次发生事故的那个赛场上，他满怀信心地驾车驶入赛场。经过一番激烈的角逐，他最终赢得了250英里比赛的冠军。

当他第一次以冠军的姿态面对热情而疯狂的观众时，禁不住流下了激动的眼泪。一些记者纷纷将他围住，并问道：“在遭受那次沉重的打击之后，是什么力量使你重新振作起来的呢？”

此时，他手中拿着一张比赛的海报，上面是一辆赛车在迎着朝阳飞驰。他没有回答记者的提问，只是微笑着用黑色的笔在海报背后写下了一句凝重的话：把失败写在背面，我相信自己一定能成功！

他就是美国颇具传奇色彩的伟大赛车手——吉米·哈里波斯。

比尔·盖茨说：“失败是不可避免的，但只要坚持到底，总能收到意想不到的成效。”

吉米·哈里波斯冲破了瓶颈，获得了常人难以想象的成功。他是怎样做到的呢？因为他是为数不多可以把挫折当成机遇的人。一个赛车手连手指都粘连在了一起，还有什么希望？这是大多数人的想法，而且，相信很多职业赛车手遇到这种情况都会放弃赛车生涯。

但是，吉米·哈里波斯为什么没有放弃？因为他关心的不是手还能不能用，而是自己还能不能开车。

他认为，既然手没有残废，那么就还有可能重返赛场。不就是手指粘连在了一起吗？还有手术刀可以将它们分开。手虽然不能正常握住东西，但是只要勤加练习，就有可能改善。

吉米·哈里波斯想的是：“为了重返赛场，我能做什么？”而消沉的人则会想：“我的手指都粘在一起了，我还能做什么？”这就是心态的差异。

我们可以肯定地说，吉米·哈里波斯就算失去了双手，也依然不会放弃自己的梦想。因为失败对他来说，不是致命的打击，而是转变的契机："上帝不正是要让我更加努力吗？"

在人生的旅途中，我们难免会遇到各种各样的挫折。痛苦与坎坷、成功与失败，幸福与伤心……但这所有的一切都是暂时的，在遭受到挫折之后，最好的办法就是——微笑着面对。

微笑是甘露，会滋润你或已干涸的心灵。

微笑是阳光，能照亮你心灵中阴暗的角落。

微笑是春风，可以吹醒你心灵的每一寸土地。

微笑是绿茶，让它芬芳你的心灵……

世界本来就没那么多如愿以偿，但未来总值得我们期待。

把失败写在背面，这不是逃避，而是经过拼搏终于获胜后的风轻云淡：你看，只要我们肯努力，成功就在前面！